First Book

身近なプラスチックがわかる

暮らしと密接するプラスチック
どう付き合うかを考えるための入門書

西岡真由美 著　岩田忠久・齋藤勝裕 監修

技術評論社

はじめに

ここ数年、「海洋プラスチックごみ問題」という言葉をよく耳にします。レジ袋の有料化がはじまるなど、暮らしの変化をともなう対策もはじまっています。

ずいぶん前から、海や砂浜というと、打ち上げられたたくさんのごみのイメージがついて回り、ビーチ清掃などのボランティア活動も各地で定着しています。海を漂い、海岸に打ち上げられるプラスチックごみの問題は、今にはじまったことではありません。それがなぜ近年になり、大きく注目されるようになったのでしょうか？

本書ではまず、プラスチックという身近な素材の特徴や、ライフサイクル（一生）を探っていきます。そしてそのプラスチックが、ごみ問題を引き起こすようになった背景へと話を進め、解決に向けて、私たち一人ひとりができる「選択」と「行動」のヒントを紹介していきます。

また本書では、科学者によって行われる調査や研究と、これまでのプラスチックに代わる新素材の開発の話題も、多く取り上げました。研究や開発は、専門的な領域と思われがちですが、私たち一人ひとりの関心やニーズが、その後押しとなり、支えとなります。プラスチックごみ問題と向き合う科学者の姿や動向についても、あわせてご注目ください。

本書が、みなさんの選択と行動のヒントとなれば幸いです。

また本書の執筆にあたっては、研究の最前線で活躍される先生方に、多大なるご協力を賜りました。この場を借りて、厚く御礼申し上げます。

2020 年 10 月　西岡 真由美

ファーストブック **身近なプラスチックがわかる** Contents

第1章 プラスチックはどのような物質か

第2章 プラスチックのライフサイクル

第3章 マイクロプラスチックとは何か

ご注意：必ずお読みください

●本書記載の内容は、2020年10月20日現在の情報です。そのため、ご購入時には変更されている場合もあります。また、本書は著者が独自に調査した結果を出版したものです。

●本書の内容について万全を期して作成いたしましたが、万一、ご不明な点や誤りお気づきの点がありましたら、奥付に記載の小社連絡先にてご連絡をお願いします。

●本書に記載された内容は、情報の提供のみを目的としています。本書の運用については、必ずお客様自身の責任と判断によって行ってください。これらの情報の運用の結果について、技術評論社および著者はいかなる責任も負いかねます。

●本書の全部または一部について、小社の許諾を得ずに複製することを禁止しております。

以上の注意事項をご承諾いただいた上で、本書をご利用願います。これらの注意事項をお読みいただかずに、お問い合わせいただいても、技術評論社および著者は対処しかねます。あらかじめ、ご承知おきください。

第1章

プラスチックはどのような物質か

皆さんの考える「プラスチック」とは、どのような特徴を持つものでしょうか？　表面がツルツルしていて、水をはじく。金属や陶器よりも軽い。硬いものから、薄いシート状のものもあり、ビニールやナイロンと呼ばれているものもプラスチックの仲間……などなど。プラスチックはごく身近にありふれた存在で、どのような素材がプラスチックなのか、あらためて考える機会は少ないかもしれません。ゴミを分別するときも、上のような特徴を、何となく目安にしていることが多いのではないでしょうか。

そこでまずは、暮らしに根付いたプラスチックの多様性を調べてみることにしましょう。プラスチックがどれほど生活に溶け込んでいるか、見えてくるかもしれません。

1-1 身のまわりのプラスチック製品

身の回りにあふれる物から、プラスチックを見分けるヒントはあるのでしょうか？　プラスチックを知る入り口は、まずここからスタートです。これが実は、プラスチックと上手に付き合うために、大切なキーワードとなっていきます。それでは順に、見ていきましょう。

プラスチック製品の識別マーク

ここでヒントとなるのが、プラスチックの「識別マーク」です。まずはじめに、いくつかの識別マークの読み解き方を紹介していきます。

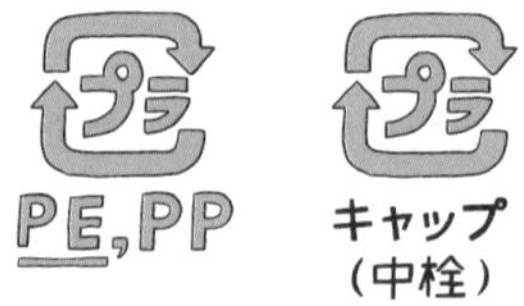

図1.1 プラマーク

「識別マーク？」と思った人も、図の表示には見覚えがあるのではないでしょうか。2003年から、容器包装リサイクル法によって、プラスチック容器や包装に表示が義務付けられているものです。通称「プラマーク」と呼ばれ、ゴミの分別回収とリサイクルを促進することを目的としています。

マークの下に書かれている付属情報にも注目してください。さまざまな素材が使われる容器・包装には、使われているプラスチックの種類を示すものから、どの部分がプラスチックにあたるのか示されているものまで、いくつかの表示パターンがあります。

たとえば、図1.2を見てください。質感や重さに、わかりやすいプラスチックの特徴があるものもありますが、右下の容器のアルミ箔に似たふたも、表示からプラスチックであると読み取れます。これには補足として、「アルミ入り」と表示されています。50％以上の材料がプラスチックであれば、ほかの素材が混ざっていても、分別回収上はプラスチックとして扱われ、

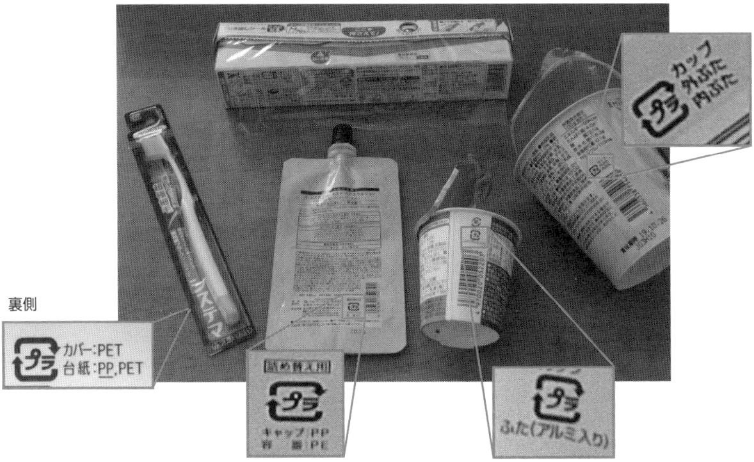

図 1.2 身のまわりのプラスチック製品

これは、2章のリサイクルとも関わりが深いポイントとなります。

さらに、歯ブラシのパッケージも調べてみました。透明なフィルムはプラスチックとわかりますが、紙のような裏面も実はプラスチック。表示を確認しなければ、紙ごみとして捨ててしまうところでした。こういう見過ごしは、意外とたくさんありそうです。

また、プラマークとともに記載されたアルファベットは、使われているプラスチックの種類を示します。左下の容器では、キャップ部分が「PP」でポリプロピレン、容器本体の部分は「PE」でポリエチレンであることがわかり、どちらもプラスチックの一種です。

一言にプラスチックといっても、その見た目や質感には多様性があり、種類の違いや、プラスチックらしくないものでもプラスチックであるとかんたんにわかるのが、このプラマークです。細部まで読み解くと、プラスチックにまつわるいろいろな情報が見えてきます。ゴミ箱に捨てる前に、少し注意してみるだけで、意外な発見があるかもしれません。

1-2 SPIコードで見るプラスチック

識別マークといえば、こちらの表示もおなじみでしょう。ペットボトルでは必ず見かける表示に、「SPIコード（プラスチック材質識別マーク）」というものがあります。プラマークが、プラスチックであるかどうかを識別するものであったのに対し、SPIコードは、プラスチックの種類を1～7までの数字で識別できるマークです。

プラスチック製品のSPIコード

SPIコードは、米国プラスチック産業協会が定めたもので、主にアメリカやカナダで使われており、日本ではプラスチックの一種、ポリエチレンテレフタレート（PET）であることを示す「1」のみ表示が義務付けられています。そのため、2～7の表示はあまり目にすることはないかもしれませんが、暮らしで用いる、身近なプラスチックを網羅した識別マークといえます。

ポリエチレンテレフタレート（PET）

「1」がポリエチレンテレフタレートを示すことは前述しました。略称でPETと表記され、おなじみのペットボトルは、この素材でできています。PETからつくられるものには、ほかにも卵のパックや衣類の繊維などがあり、PET＝飲料を入れる透明なボトル、だけではないことがわかります。

ポリエチレン（PE）

「2」と「4」は、同じくポリエチレン（PE）を示します。その中でも、高密度ポリエチレン（HDPE）が「2」に、低密度ポリエチレン（LDPE）が「4」に分類されます。HDPEでできたものには、灯油のタンクやバケツ、屋外用の家具や玩具などがあり、LDPEでできたものには、ラップやレジ袋などがあります。同じポリエチレンでも、密度の違いができるしくみは、のちほどお話ししますが、密度が高いものほど、硬く丈夫なものがつくられます。

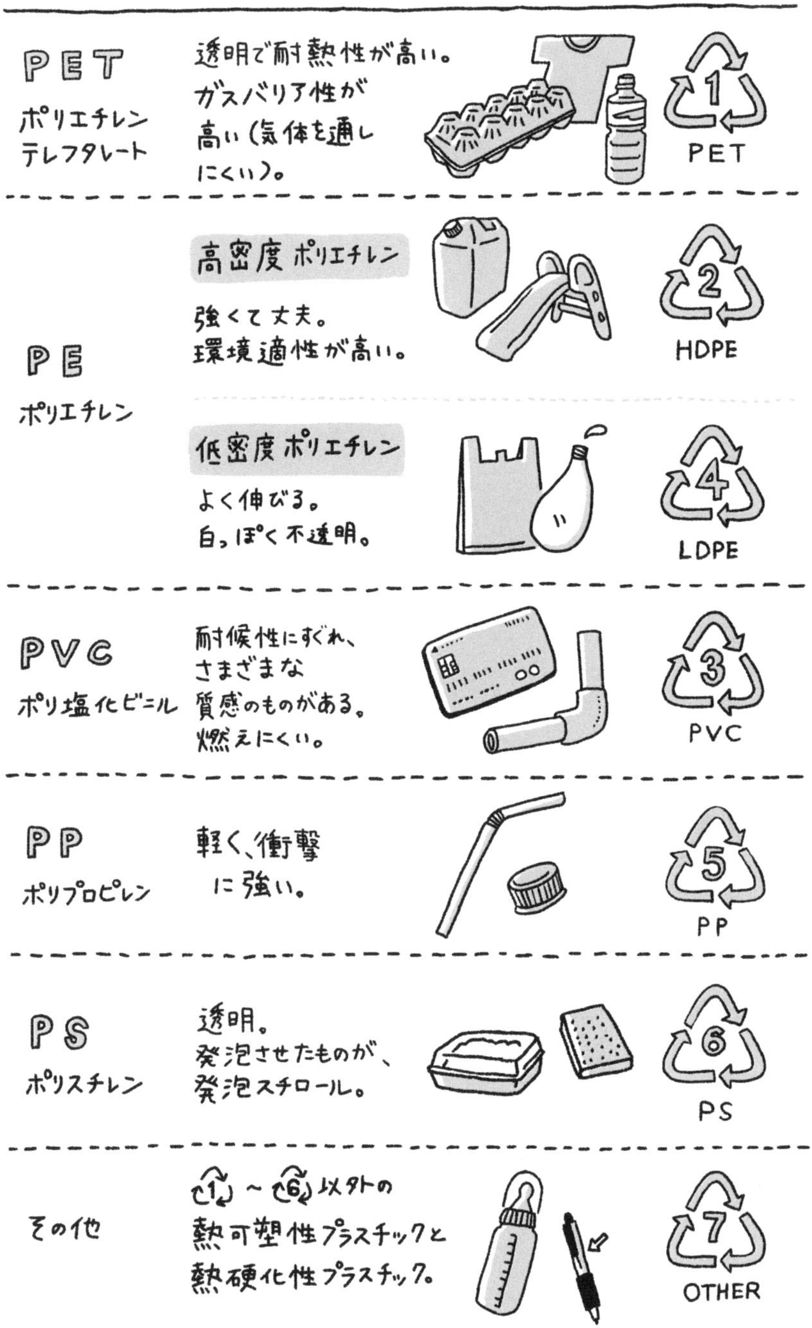

図 1.3 SPI コードをもとにしたプラスチックの分類

ポリ塩化ビニル（PVC）

「3」は、ポリ塩化ビニル（PVC）です。クレジットカードや水道管、窓枠サッシ、さらに合成皮革などもPVCからつくられています。

ポリプロピレン（PP）

「5」はポリプロピレン（PP)。ペットボトルのキャップやストロー、カーペットの繊維、荷づくりひもなどが、PPからつくられています。

ポリスチレン（PS）

次に「6」は、ポリスチレン（PS）です。発泡スチロールや肉のトレー、透明カップ、さらにコンピューターやプリンターの部品としても活躍する素材です。空気を含んで膨らみ、軽い発泡スチロールから、硬くて頑丈な部品まで。加工方法によって、バラエティ豊かな容器や製品ができる点も、興味深いプラスチックです。

その他

そして最後の「7」は、1～6以外のプラスチックとなります。

現在、プラスチックには100以上の種類があるとされていますが、生産量の約75%は、ここまでで紹介した、SPIコードの「1～6」のプラスチックにあたります。

ペットボトルでは、ボトル本体とキャップ、さらに商品名などが印字されたラベルとで、それぞれ違うプラスチックが用いられていることがあります。分別回収では、PETのみを単独で回収することが多く、種類と回収方法をしっかり照らし合わせる必要があることも、識別マークから見えてきます。

識別マークの読み解き方がわかれば、「あれもこれも多分プラスチック」ではなく、見る目が変わるかもしれません。日常生活に欠かせないプラスチックの存在をぜひ、確めてみてください。

1-3 プラスチックとは何か?①

識別マークから、プラスチックの多様性に触れていきましたが、「プラスチックは単一の素材ではない」ということが見えてきたと思います。プラスチックには、質感も用途もさまざまなものがあり、その特徴をすべて理解するのはなかなか困難なことです。それが、何となくプラスチックっぽい、と片づけられてしまう理由の1つかもしれません。次は、プラスチックにさまざまな種類が生み出せるしくみを見ていきます。

すべてのものは原子からできている

私たちの身の回りにあるすべてのもの、そして体さえも、小さな粒が集まってできているというとどうでしょう? これ以上、小さなものに分けられないという限界までたどっていくと、それは小さな粒、「原子」にまでさかのぼることができます。

小、中学校の理科で、必ず暗記する元素記号、周期表というものがあります。H(水素)、He(ヘリウム)、Li(リチウム)……など、現在は118個の元素が知られています。これらの元素の粒のことをまとめて「原子」と呼び、世界を取り巻くあらゆるものは、この原子を材料としてつくられています。

原子は、単独で存在するものもあれば、いくつかが結びつき、小さなグループをつくり出すものもあります。たとえば、空気中の酸素はO_2と表しますが、周期表の8番目にあるO(酸素)が2つ結びついた状態で存在しています。

また、2種類以上の原子が結びつき、成り立つものもあります。たとえば水(H_2O)は、H(水素)が2つと、O(酸素)1つが結合したものです。このO_2やH_2Oのように、いくつかの原子からなる小グループを「分子」といい、同じものが多数集まると物質が形づくられるようになります。

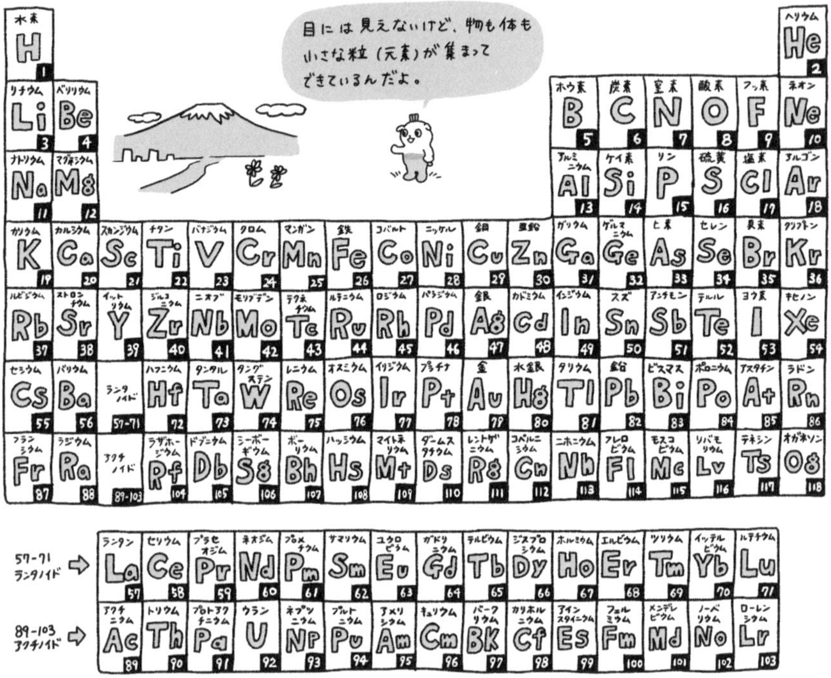

図 1.4 元素周期表

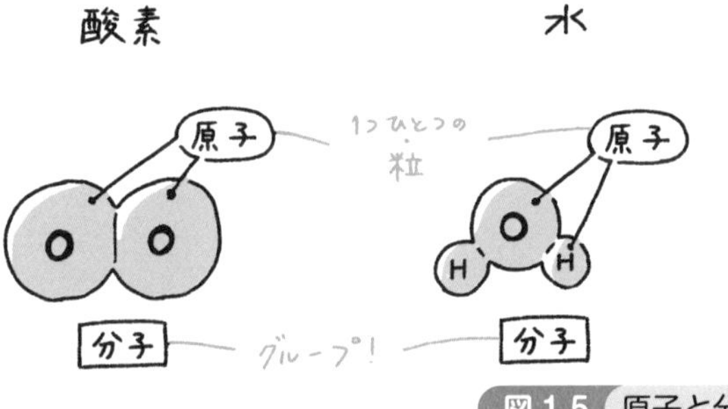

図 1.5 原子と分子の関係

水分子1つひとつは目に見えませんが、私たちは水という物質を見ることができます。これは、肉眼で見ることができない小さなH_2O（水分子）が目に見えるほどの集合体をつくっているためです。

分子には、隣り合う分子同士が引き合い、集合する力が働きます。ですがこれは、HとOが結合し、水分子をつくる力と比べると、とても弱い力でしかありません。ですから、熱などの刺激が加わると、その結びつきは容易に切れてしまいます。

コップに注がれた水は、分子同士が引き合い、集合した目に見える「水」ですが、熱が加わると水蒸気となり、空気中に消えてしまいます。それは、熱の刺激により、分子同士の引き合う力が切れ、ばらばらになって飛び出していく現象なのです。

図1.6 相互に働く結合力

プラスチックの分子構造

プラスチックも分子の集まりでできているわけですが、その分子がとても大きい、「高分子（ポリマー）」であるという特徴があります。

水分子は3つの原子からできていました。それに比べ、プラスチックの分子は、なんと数千個以上もの原子からできています。たとえば、スーパーのレジ袋に使われるポリエチレンは、H（水素）とC（炭素）の2種類でできていますが、1つの分子の中に、Cがおよそ7,200個も存在します。一般の分子とは、その数が1桁も2桁も違います。

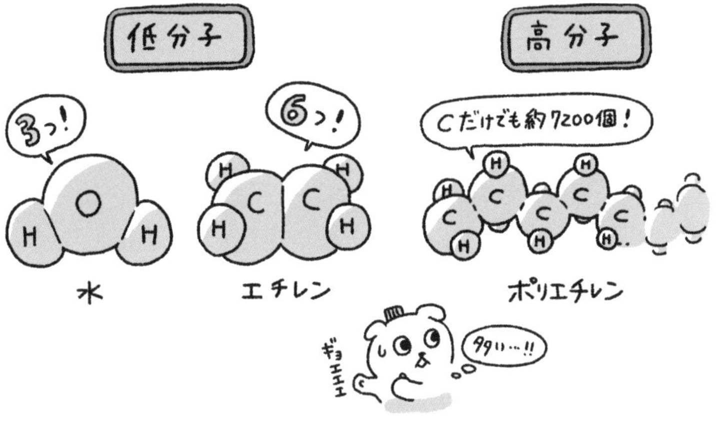

図 1.7 低分子と高分子の原子数のちがい

ポリエチレンの分子構造

プラスチックの分子の構造を、ポリエチレンを例に見ていきましょう。ポリエチレンという名前の「ポリ」には、「たくさんの」という意味があります。ですから、ポリエチレンは「たくさんのエチレン」というふうに読み変えることができます。

ポリエチレン分子をつくるのは、CとHの2種類の原子であることを話しましたが、それらが好き勝手に結びついているわけではありません。基本となるエチレン分子（C_2H_4）が、鎖のように長くつながり合い、大きな分子を形づくっています。

これについて、さらに詳しく説明します。原子が分子をつくるときには、1つのルールがあります。それぞれの原子が、ほかの原子と結びつくために持つ、手の数といってもいいでしょう。原子が手をつなぎ合うことで、分子がつくられるとイメージしてください。Hは1つ、Oは2つ、Cは4つの手を持っています。それぞれ、どのようにつなぎ合うことができるでしょうか。

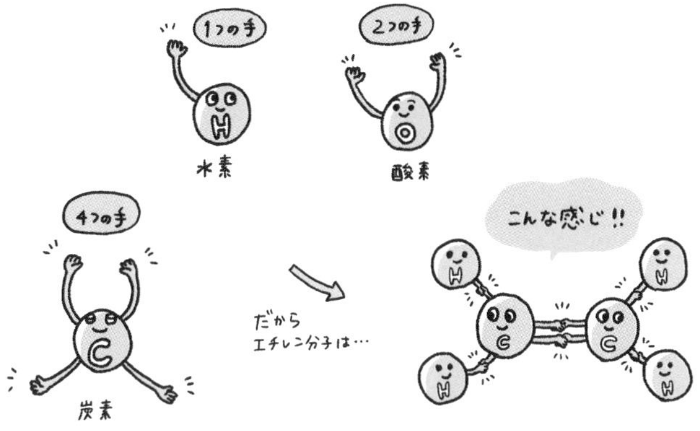

図 1.8 原子の手の数とエチレン分子の構造

エチレン分子とポリエチレン分子

エチレン分子（C_2H_4）の場合は、それぞれのCが持つ4つの手のうち、2つがHとつなぎ合っています。Hの手は1つずつしかありませんから、Hはそれ以上ほかの原子とは手をつなぐことはできません。逆にCの手が2つ余ることになります。エチレン分子では、この2つの手をC同士が二重につなぎ合った構造をとることで、余った手のない安定した分子を形成しています。

ポリエチレン分子になるとどうでしょう。エチレン分子が鎖のように長くつながったものとお話ししましたが、エチレン分子にはもう手が残っておらず、たくさん混ぜておいても、勝手に手をつないでくれるわけではありません。

ですから、ポリエチレンをつくるためには手助けが必要となります。この場合は、圧力をかけたり、化学反応を促す触媒（しょくばい）がその役割を果たします。これにより、エチレン分子の中で、Cが二重につなぎ合っていた手の1つがはずされます。そしてはずれた手を、違うエチレン分子のCと結ぶことで安定するよう導いていきます。この反応が次々と続くことにより、エチレン分子がつながったポリエチレン分子が生み出されます。

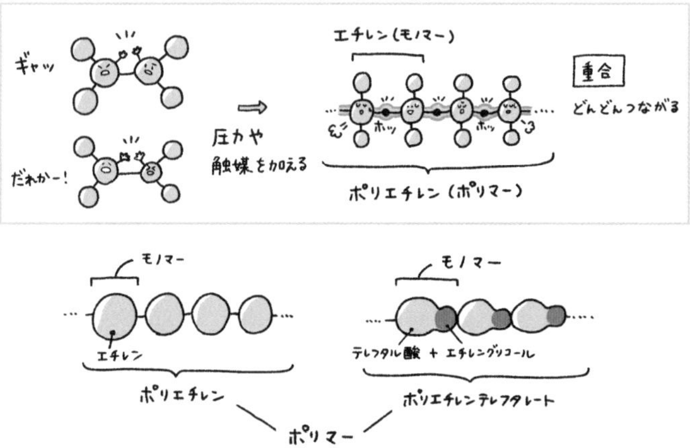

図 1.9 ポリエチレン分子とポリエチレンテレフタレート分子

この反応を、化学用語では「重合」と呼びます。

ポリマーとモノマー

ポリエチレンは、エチレンがくり返しつながり合うことで、1つの大きな分子となったものです。このとき、ポリエチレンが「ポリマー(高分子)」と呼ばれるのに対し、くり返しの基本となるエチレンを「モノマー(単量体)」と呼びます。

ポリエチレンは、もっとも単純にモノマーを重合させた例の1つで、1種類のモノマーがくり返す構造をとっています。

ほかにも、2種類以上のモノマーを重合し、ポリマーをつくる方法があります。たとえば、ペットボトルでおなじみのポリエチレンテレフタレート(PET)は、テレフタル酸とエチレングリコールという2つの分子がくり返し重合したものです。

現在は、118の元素が知られていますが、高分子をつくる元素はさほど多くありません。代表的なものは、H(水素)、C(炭素)、N(窒素)、O(酸素)、そしてS(硫黄)やP(リン)などで、ごく限られた元素です。ですが、これらの元素の組み合わせにはさまざまなものがあり、その数だけ多様なモノマーをつくり出すことができます。これが、プラスチックの多様性を生み出すしくみの1つです。

1-4 プラスチックとは何か？②

ここで、物質は、分子がぎっしりと集まってできているという話を思い出してください。プラスチックも同じく、分子が集まって形づくられています。長い鎖状の構造を持つ高分子が、どのように集まっているのかを見てみましょう。

高分子が集まってできるプラスチック

図1.10は、プラスチックを拡大して見たときのイメージ図です。それぞれの分子は、思い思いに曲がったり、ねじれたりしています。そのところどころで絡み合う部分や、整列した部分をつくりながら集まっています。分子は、互いに引き合う力を持っているとお話ししました。高分子の場合も、隣り合う分子との間に、お互いを引き合う力が働きます。この絡み合いと引き合いの力で分子が集まり、プラスチックという物質が形づくられています。

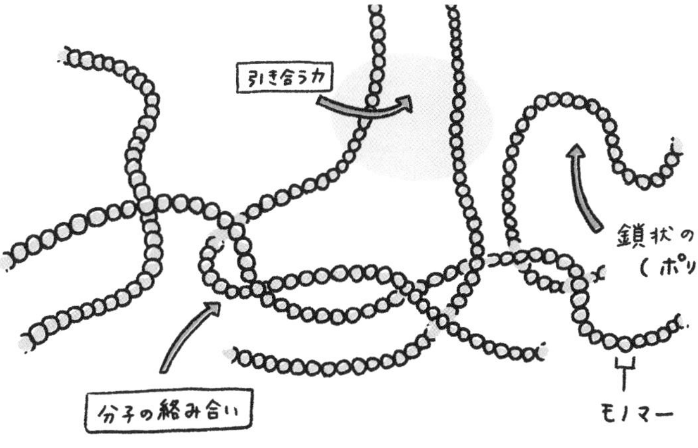

図1.10 高分子の集合（熱可塑性プラスチック）

ところが、分子同士が引き合う力はとても弱い力でしかありません。熱を加えると、容易にその力は弱まってしまいます。その結果、プラスチックは安定した形を保つことができず、グニャリと変形してしまうのです。

食品の入った容器を、電子レンジで温めたとき、温め過ぎてグニャグニャになってしまった、溶けてしまった……という経験はありませんか？ほかにも、使い捨てのプラスチックカップに熱い飲み物を注いだら、危うく中身がこぼれそうなほど変形してしまった、などということも。その原因は、この性質にあったわけです。逆にいうと、熱を加えて柔らかくなったプラスチックは、さまざまに形を変えることができ、冷やすとそのときの形をとどめておくことができます。

このように、熱を加えることによって形を変えることができる性質を、「熱可塑性（ねつかそせい）」といいます。これはプラスチックの最大の特徴といってもいいかもしれません。なぜなら、プラスチックという言葉は、ギリシャ語で「思うように物の形がつくれること」を意味する「plastikos（プラスチコス）」に由来しているからです。

図 1.11 プラスチックの名前の由来

熱可塑性と熱硬化性

ところで、私たちがプラスチックと考えている身の回りの物は、すべて熱可塑性を持っているのでしょうか？　熱いものを注いだり、入れることができるプラスチックの存在に気づいた人もいることでしょう。

熱可塑性とは逆に、熱を加えることで硬くなるプラスチックがあります。これを「熱硬化性プラスチック」と呼び、熱を加えて溶かし、形を変えることのできる「熱可塑性プラスチック」とは区別されています。

熱硬化性プラスチックは、2剤を混ぜ合わせると固まりはじめる接着剤をイメージすると、わかりやすいでしょう。材料を混ぜ合わせ、互いが結びつく化学反応を、熱を加えて促します。反応のはじまりは柔らかく、その間は形を整えることができますが、反応が進むにつれて結びつきが強くなり、硬化していきます。そして一度硬化したものは、再び熱を加えても、形をつくり変えることはできません。

身近なところでは、鍋ややかんの取っ手に使われるフェノール樹脂（PF）や、陶器に似た質感で、食卓用品に使われるメラミン樹脂（MF）などが熱硬化性プラスチックです。どれも、ある程度高温にさらされても、変形したり、溶け出したりすることがありません。

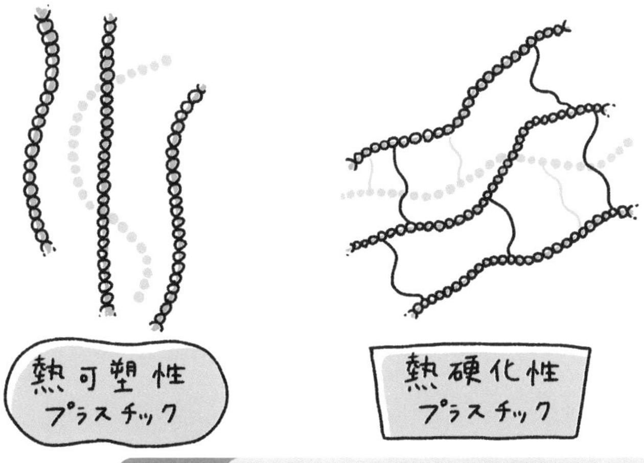

図1.12 熱可塑性プラスチックと熱硬化性プラスチック

この熱硬化性プラスチックには、分子同士の結びつきに、熱可塑性プラスチックと異なる特徴があります。

熱可塑性プラスチックは、鎖状の分子がいくつも集まり、絡み合いや引き合う力で結びついたものでした。対して熱硬化性プラスチックは、図1．12のように、分子同士が立体網目状につながり合った、ジャングルジムのような構造をしています。この構造は、化学反応がさらに可能な状態のポリマー（プレポリマー）に、「架橋剤（かきょうざい）」という物質を混ぜ合わせることでつくられます。このとき、架橋剤によってつくられる、プレポリマー同士を橋わたしする構造を、架橋と呼びます。架橋は強い結び付きで、その反応は、熱によって促進し、一度反応を終えると元に戻すことができません。

熱可塑性プラスチックと熱硬化性プラスチックは、見た目や質感が似ている上に、同じプラスチックと呼ばれていますが、分子のレベルでは、構造から性質までまったく異なるものだというのは、少し意外な点かもしれません。

ちなみに、現在使われているプラスチック製品の約9割は、熱可塑性プラスチックにあたります。先に紹介したSPIコードの1～6に分類されるプラスチックは、すべて熱可塑性プラスチックです。

同じ分子でできていても違う製品？

さらに、熱可塑性プラスチックの中には、同じ鎖状の分子の集まりでできているのに、見た目も質感も異なる製品が存在します。

たとえば、ポリエチレンテレフタレート（PET）でできているものには、おなじみのペットボトルのほかに、衣類などに使われる「繊維」も含まれることをお話ししました。この2つの違いは、どのようなところから生み出されるのでしょうか？　ここでもキーワードは、「分子の集まり方」の違いです。

ボトルや容器状に加工されたPETの分子は、それぞれが思い思いに蛇行し、ときに絡みあったり、並んだりしながら集まっています。このとき、隣り合う分子同士が蛇行し、絡み合う部分を「非晶領域」、規則正しく並んだ部分を「結晶領域」といい、それらがランダムに混ざり合った構造をとっています。

図 1.13 分子鎖の形と集まり方の違い

それに比べて、繊維として加工されたPETの分子は、繊維の向きにそって結晶領域が並んだ構造をとっています。規則正しく整列した分子同士では、互いを引き合う力が効率的に働き、隙間も少ない構造となるため、より強度が高くなります。分子の集まり方の違いで、このようなつくり分けができる点も、プラスチックの特徴といえるでしょう。

最後に、少しユニークな存在である「ゴム」についても触れておきましょう。

人工の合成ゴムは、主にクロロプレンやブタジエンといった分子がくり返す高分子の構造をとっています。プラスチックを人工の高分子であると考えると、ゴムもその一部に違いありません。ですがゴムには、優れた弾性という、ほかのプラスチックにはない特性があります。これは、鎖状の高分子そのものが、伸び縮みが可能な構造（形）を持つことに由来しています。

1-5 プラスチックの歴史と発展

高分子と、それが集まってできるプラスチックについて、基本となるお話を進めてきました。次に、プラスチックの開発の歴史的な背景と、発展について紹介していきます。

プラスチックの夜明け前

高分子（ポリマー）は、人工的につくられる特別なものと感じた人がいるかもしれません。実はそうではなく、布や木材、体をつくるたんぱく質なども、すべて高分子でできています。逆にいうと、金属や陶器、ガラス以外は、すべて高分子からできているといってもよいほどで、私たちは、高分子にあふれた世界で生活しています。

人工の高分子であるプラスチックが登場する以前は、これら天然の高分子をさまざまに利活用していたほか､食品の容器をはじめとする日用品は、陶器やガラスなどからもつくられていました。

ヨーロッパでは、ジャムを入れて販売する容器として、陶器が使われていたそうです。中身がもれないように、ふたにはワックスペーパーと厚紙が当てられ、それらをひもでしっかりと結びつけていました。

図 1.14 さまざまな高分子

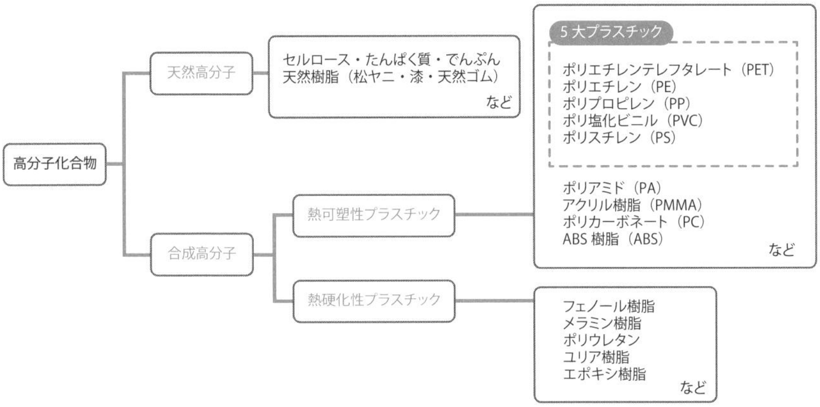

図1.15 天然高分子と合成高分子

使い終わると、燃やして捨てることができない陶器は、土の中に埋めて処分していたといいます。ジャムは日用品ですから、埋められた容器もさぞ大量にあったことでしょう。

土中に埋まっていたそれらの容器が、現在ではアンティーク雑貨として人気を得ています。「1940年代 アンティーク」とラベルされた容器を見ると、つい近年（といっても80年前ではありますが）まで、容器といえば陶器かガラスという時代であったことがうかがわれます。

図1.16 陶器でできたジャムポット

プラスチックの登場

こうして見ると、プラスチックは比較的新しい人工素材であることがわかりますが、その歴史について、少し詳しく紹介しましょう。

歴史上初の人工樹脂（プラスチック）をつくり出したといわれているのは、イギリスの発明家、アレキサンダー・パークス（Alexander Parkes／1818～1890年）で、1855年のことでした。パークスは、天然のセルロースをもとに、化学的な処理を加え、プラスチックの草分けとなる「パークシン」をつくり出すことに成功しました。

ここで、プラスチックを「樹脂」と表現しましたが、それはプラスチックの歴史と深い関係があります。松や漆の木などの樹木から抽出される天然の樹脂に対し、プラスチックは、「合成樹脂」とも呼ばれています。

天然の樹脂である松ヤニや漆は、古くから接着剤や補強剤として用いられ、樹脂が化石化した琥珀も珍重されてきました。しかし、これらは天然の素材だけに、好きなときに好きなだけ得られる便利な素材というわけにはいきません。プラスチックの仲間にあたる「ゴム」にしても、天然のゴムは、ゴムノキの樹液として採取しなくてはなりませんでした。

図 1.17 天然の樹脂　松ヤニ・漆・琥珀

パークシンとセルロイド

これらの代わりとなり、より性能や利便性の高い素材を開発することを目指したのが、合成樹脂（プラスチック）開発の出発点でした。現在では、樹脂といえば人工の合成樹脂、つまりプラスチックを指すことが多くなっています。

パークスのつくり出した初の人工樹脂「パークシン」ですが、残念ながら生産コストの問題で、実用化され、広まることはありませんでした。そしてしばらく経った頃に、ある転機が訪れます。当時、アメリカでは娯楽の1つとして、ビリヤードに高い人気が集まっていました。周囲6カ所に穴の開いたビリヤードテーブルの上で、キューと呼ばれる棒状の道具を使い、ボールを突く競技です。ボールをいかに意のままに動かせるかを競うもので、年齢や体格に左右されず、誰でも楽しめる競技でした。

そこで使われる直径5～7cmのボールは、もともと象牙を削り出してつくられる高級品。競技の普及に見合うだけのボールを、量産することが難しくなっていました。そこで、懸賞金をかけた象牙に変わる素材の発明が呼びかけられることになったのです。それを契機としてつくり出されたのが、「セルロイド」です。1869年、ジョン・ウェズリー・ハイアット（John Wesley Hyatt／1837～1920年）によって、はじめての実用的な人工樹脂として誕生しました。セルロイドは、広く社会に受け入れられ、あらゆるものがセルロイドを材料につくられるようになったのです。

「青い目の人形」という童謡がありますが、この中では、アメリカ生まれのセルロイドの人形が歌われています。セルロイドは長らくアメリカと、近代化の象徴でもあったことが感じられます。

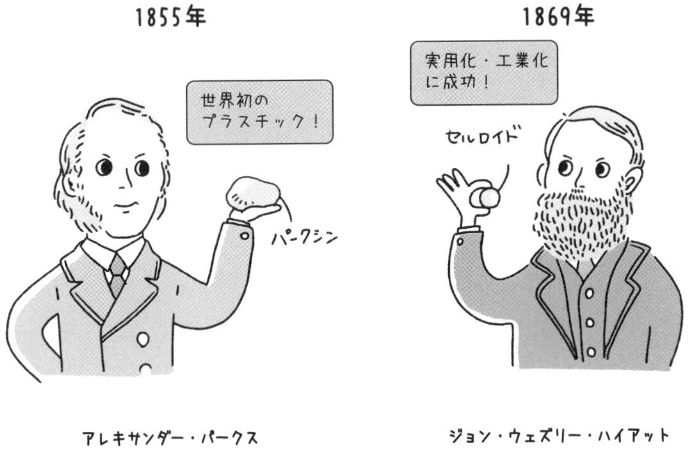

図 1.18 パークスとハイアット

ベークライト

ところが、このセルロイドには、燃えやすいという難点がありました。そこで1907年、レオ・ヘンドリック・ベークランド（Leo Hendrik Baekeland／1863～1944年）が発明したのが、「ベークライト」です。ベークライトは、石炭から得られるフェノールとホルマリンを材料として、化学的に合成された物質で、「フェノール樹脂」と呼ばれ、現在も活躍するプラスチックの1つです。

ベークライトは、燃えにくく、熱や薬剤にも強いという優れた性質を持っていたため、たちまち幅広い用途に用いられることとなりました。ちなみに、現在のビリヤードのボールの多くも、このフェノール樹脂でできています。また、パークシンやセルロイドも、人工の合成樹脂には違いありませんが、天然のセルロースを元につくられた点から、完全に人工的な素材ということはできませんでした。これらが「半合成樹脂」と呼ばれるのに対し、ベークライトははじめての完全な「合成樹脂」であるとされています。

20世紀に入ってからは、軍需産業の一環として、プラスチックの開発と利用が加速していきました。軽くて丈夫、安価で量産が可能なプラスチックの活躍の場が、飛躍的に増加した転機でもあります。戦後は、その市場が一般市民の生活の場へと移り、理想的な機能や性質を持つプラスチックの開発は、現在も続くこととなります。

プラスチックの便利な特徴

プラスチックが生み出されるまで、ドロドロに溶けた素材を型に流し込むなどして、必要な形をかんたんにつくり出す方法はほとんどありませんでした。しかも、プラスチックは軽くて丈夫な上に、柔らかいものから硬いもの、透明なものから着色したものまで、幅広い加工が可能です。これを安価で大量につくることができるのですから、さまざまな材料にとって代わる画期的な素材になったことにもうなずけます。

図 1.19 プラスチックの長所

用途にあわせて性質が変えられる

また、製品となる際に要求される性質を持たせるため、さまざまなアレンジを加えることが可能な点も魅力といえます。

たとえば、本章のはじめに「ポリエチレン（PE）」には、低密度ポリエチレンと高密度ポリエチレンがあることを紹介しました。どちらも、エチレン分子が重合したものですが、多数の枝分かれをつくりながら重合したものを低密度ポリエチレン、枝分かれが少なく重合したものを高密度ポリエチレンといいます。

分子の中に枝分かれが多いと、隣り合う分子同士の間に隙間ができ、すかすかの密度が低い状態となります。逆に枝分かれが少ないものは、分子同士が密接に隣り合い、密度の高い状態をつくり出すことができます。この枝分かれの違いは、重合の際の圧力や温度、反応を促進させる触媒の種類によってコントロールされます。このひと工夫により、できあがった製品の硬さに変化が生じ、用途にも多様性を生み出します。

また、「ポリ塩化ビニル（PVC）」は、添加剤（可塑剤）の種類や量を変化させることで、硬質の素材と軟質の素材をつくり分けることができます。太陽光や紫外線、温度の変化などに耐えるPVCは、建物の建材として欠かせない存在で、硬質のPVCは窓枠のサッシ、軟質のPVCは壁紙や床材として活用されています。

このように、分子の鎖の形をコントロールしたり、添加剤を追加するといったひと工夫で、性質をアレンジすることができるのも、プラスチックの特徴の1つです。

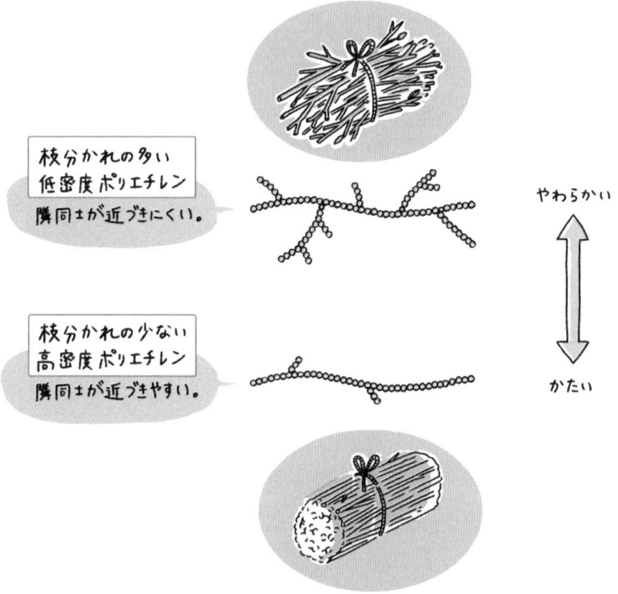

図 1.20 低密度 PE と高密度 PE

枝分かれは、水素原子（H）の代わりに炭素原子（C）が結合することでできている

高い性能を備え、さまざまな分野で活躍する

またほかにも、「こんなプラスチックがあったらいいな」という発想をもとに、さまざまな性能や機能を持つプラスチックが生まれています。

たとえば、熱可塑性プラスチックの中には、「エンジニアリングプラスチック」と呼ばれるグループがあります。CDやDVDのディスクやカメラのレンズ、屋根の材料になったりもするポリカーボネート（PC）は、特に衝撃に強く耐熱性にも優れています。また、フライパンの内側をコーティングしているフッ素樹脂（PTFE）もエンジニアリングプラスチックの一種で、260℃の高温にも耐えることができます。

強度と耐熱性に優れたエンジニアリングプラスチックは、ほかにも車や列車の車体と内装、飛行機の機体、もっとも過酷な環境では、人工衛星のアンテナなどにも用いられています。

column

コラム

プラスチック研究と未来へのメッセージ

ノーベル化学賞受賞研究者　白川英樹教授

●導電性プラスチックの発明

プラスチックの魅力の1つは、水素や炭素、窒素といった、限られた数の元素からつくられるにも関わらず、その組み合わせや重合方法の違いなどにより、新たな性能や機能を生み出せる可能性があることです。1章の最後で紹介した、エンジニアリングプラスチックは、衝撃に強く丈夫であり、耐熱性や耐薬品性を持つ、より「性能」の高いプラスチックです。さらに性能に対して、さまざまな「機能」をつけたし、活躍の場を広げたプラスチックもあります。その1つが、2000年にノーベル化学賞を受賞した白川英樹さんが研究を行った、電気を通す性質を持つ「導電性プラスチック」です。

一般的なプラスチックは、電気を遮断する絶縁体の働きを持つため、その特性を生かし、身近なところでは電源プラグ、街中では電線などのコーティング材として使われ、感電防止に役立っています。その正反対の性質を持つプラスチックの発明が、ノーベル賞受賞につながる大発見となりました。

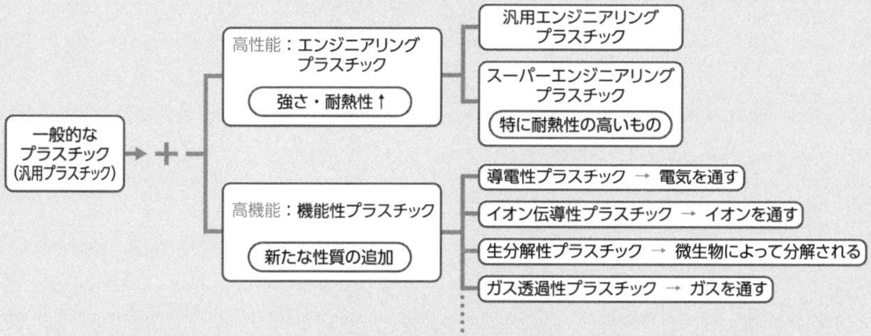

それは、電気を通さないという、プラスチックの当たり前を覆したばかりでなく、さまざまな「あるといいな」を実現することにつながっていきました。

※1　白川英樹さんのノーベル化学賞受賞は、アラン・G・マクダイアミッド氏、アラン・J・ヒーガー氏との共同受賞です。

白川さんらによる導電性プラスチックの研究が、ノーベル化学賞受賞[※1]に至るまでには、2つのターニングポイントがありました。

1つ目は、「アセチレン」というモノマーを重合させて、「ポリアセチレン」の薄い膜をつくり出すことに成功し、これがわずかながら電気を通す性質を持っていたこと。2つ目は、電気を通す性質を高める方法を発見したことです。

ある日、化学反応を促進させるために添加する触媒を、誤って多く入れ過ぎてしまうという「失敗」が、1つ目の成果をもたらしました。1967年に発表されたこの成果は、偶然が大発見につながったエピソードとして、ノーベル賞受賞のニュースとともに広く伝えられました。

2つ目は、それからおよそ10年後の1976年の成果で、ポリアセチレンに「ドーピング」と呼ばれる処理を行うことで、金属である銅の3分の1に迫る導電性を持たせることに成功しました。ドーピングというと、競技スポーツの反則行為が思い浮かびますが、いずれも、それ自身が持つ「元の力を増強する」ことを示し、同じ意味合いです。電気を通す素材といえば、もっぱら金属が使われていた時代です。鉱山から掘り出す必要がある金属に比べ、人工的に合成できるプラスチックが、これに迫る導電性を持つという発見は、人びとを驚かせ、「人工金属」という言葉が生まれたほどです。

ノーベル賞受賞が報じられた2000年には、別の導電性プラスチックも生み出され、タッチパネルや有機EL素子などへの実用化も進み、導電性プラスチックがもたらす生活や社会の変化も、実感を伴うものとなっていました。研究成果が真に評価されるには、長い時間がかかるということです。

そして、実験と実証をくり返す化学研究は、実験室あってこその営みです。すでに研究の一線から退いていた白川さんは、研究室を去る日、「やるべきことはやった、悔いはない」という想いで、実験室の扉を閉じたといいます。それが、ノーベル賞受賞の知らせにより一変しました。

少し意外なことですが、当時の記事には受賞に対して、大変なことになったという想いや、辞退することさえ考えたという白川さんの言葉がいくつも残っています。長年苦楽をともにしてきた仲間たちとの共同受賞は、喜ばしいことであると同時に、大きな責任をともなうものであると考えたのです。それらの言葉からは、受賞の栄誉以上に、その責任を考える白川さんの真摯な人柄が感じられました。

●科学の面白さを伝える取り組み

受賞当時、話題に上ることが多かったものに、白川さんが中学時代に書いた文集「みちしるべ」のエピソードがあります。「将来の希望」と題した白川さんの作文は、以下のようなものでした。

「高校を卒業出来たら、出来る事なら大学へ入って、化学や物理の研究をしたい。それは現在できているプラスチックを研究して、今までのプラスチックの欠点を取りのぞいたり、色々新しいプラスチックを作り出したい。現在ナイロンのくつ下や、ビニールのふろしき等が出来ているが、あつい弁当をつゝむと、のびたまままもとにもどらない。非常に熱に弱い、これも一つの欠点である。これらの欠点をのぞき、安価に作れるようになったら、社会の人々にどんなに喜ばれる事だろう。日常品のあらゆる方面に利用されるだろう。僕は以上の事を将来の希望としたい」
（高山市立第二中学校第五回卒業記念文集「みちしるべ」引用、原文まま）

数多くの関心事の中から、取り上げやすいという理由も手伝い、このテーマを選んだのだということですが、奇しくもノーベル賞受賞をきっかけに紹介されることになりました。偶然とはいえ、ない袖は振れないわけですから、深い縁を感じるエピソードです。そこからは、当時のプラスチック製品の課題点と、それを克服した上で、「安価につくり、多くの日用品に応用される」可能性を見出していた、白川少年の視点の先見性もうかがうことができます。ついには、欠点を補う以上に新しい機能を付加し、プラスチックの活躍のすそ野を広げる仕事をやり遂げました。

その白川さんは、現在のプラスチックと暮らしの関係について、次のように話します。

「私が子どものころから比べると、現在のプラスチックの生産量は何百倍、何万倍と違います。ちょっと便利になり過ぎたように思います」

近年プラスチックといえば、ゴミ問題や海洋汚染問題というように、便利さにともなう付き合い方の難しさという課題に直面しています。より安価で快適に使えるものから、長く上手に付き合えるものへの転換という新たな課題です。

白川さんに、もしもまた「みちしるべ」を書くとしたら、という質問をしてみました。その答えは、「理系、文系という垣根を取り払いたいですね」という少し意外なものでした。

白川さんは、「高分子化学は、今や物理学や生物学、医学などいろいろな分野にアメーバのように手を伸ばし、融合するようになってきました。1つにはくくられない分野になってきています」といいます。これからはここへ環境学や社会学なども合流し、プラスチックの利点を伸ばし、欠点をのぞく研究がさらに進められていくことになるでしょう。

子どもたちとの実験教室

白川さんは現在、「実験教室」や「科学の泉ー子ども夢教室」[※2]といった、自然と実験室の両方をフィールドとする活動を定期的に実施しています。自然から探究心を育んだという白川さんは、「ぼくも一緒に遊んでいる、一緒に考え、付き合っているという感じで本当に面白い活動です」と満面の笑みです。

ノーベル賞受賞に重責をも抱いた白川さんですが、自身が「経験してきたこと、やってきたこと」を土台に、今は多くの人びとと、存分に化学を楽しんでいます。

※2 「特別実験教室 ノーベル賞化学者からのメッセージ 導電性プラスチックを作ろう！」は年に複数回、日本科学未来館にて開催。小学５年生以上、大人まで参加可能です。ソニー教育財団主催で、小中学生を対象に開催される「科学の泉ー子ども夢教室」は、年１回開催。2019年８月には、第15回が開催されました。

第2章

プラスチックのライフサイクル

1章では、プラスチックがどのような物質か、目に見えない化学的な特徴を、虫の目になって見ていきました。プラスチックはあくまで「材料」であり、さまざまな製品に加工され、はじめて私たちの手元にやってきます。

本章では、プラスチックが製品となり、利用されたのち廃棄処理されるまでのライフスタイルを、リサイクルというキーワードも交えて紹介していきます。

鳥の目になってプラスチックの一生を俯瞰することで、より上手にプラスチックと付き合うヒントが見つかるかもしれません。

2-1 プラスチックは何からつくられるのか

人の一生と同じように、物にも「ライフサイクル」という考え方があります。ここからは、プラスチックのライフサイクルをたどっていきましょう。

プラスチックのライフサイクルとは

プラスチックのライフサイクルは、大きく3つの段階に分かれます。まず、プラスチックという人工の材料をつくり出し、それを製品として加工するまでの「製造・加工」の段階、製品化されたプラスチックを「利用」する段階、最後にリサイクルも含めた「排出と処理」の段階です。

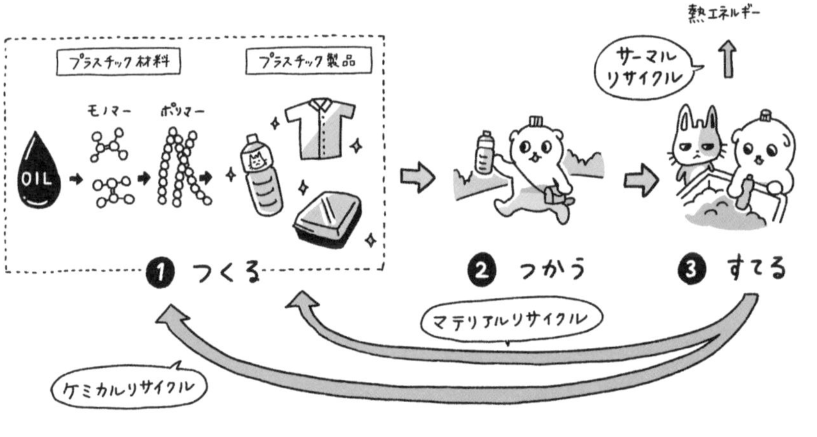

図 2.1 プラスチックのライフサイクル

プラスチックの製造

製造・加工の段階の中でも、まずは製品の原料となる「プラスチックをつくり出す」段階を見ていきましょう。

プラスチックは石油からできている

プラスチックは、人工の高分子化合物である、というところまで遡って見ていきます。

C（炭素）やO（酸素）、H（水素）などの元素の組み合わせでできた低分子化合物（モノマー）が、たくさんつながり合い、重合してできた高分子化合物（ポリマー）がプラスチックでした。材料となるこれらの元素や低分子化合物を、一体どこから得るのでしょう。

その宝庫となるのが、「石油」です。油田から採掘されたままの石油は原油と呼ばれ、ガスや水、塩分や重金属、さらに微生物など、さまざまな不純物が混ざっています。これらを取り除き、熱を加えて蒸留を行います。すると、沸点の違いにより、8つの石油製品を取り出すことができます。

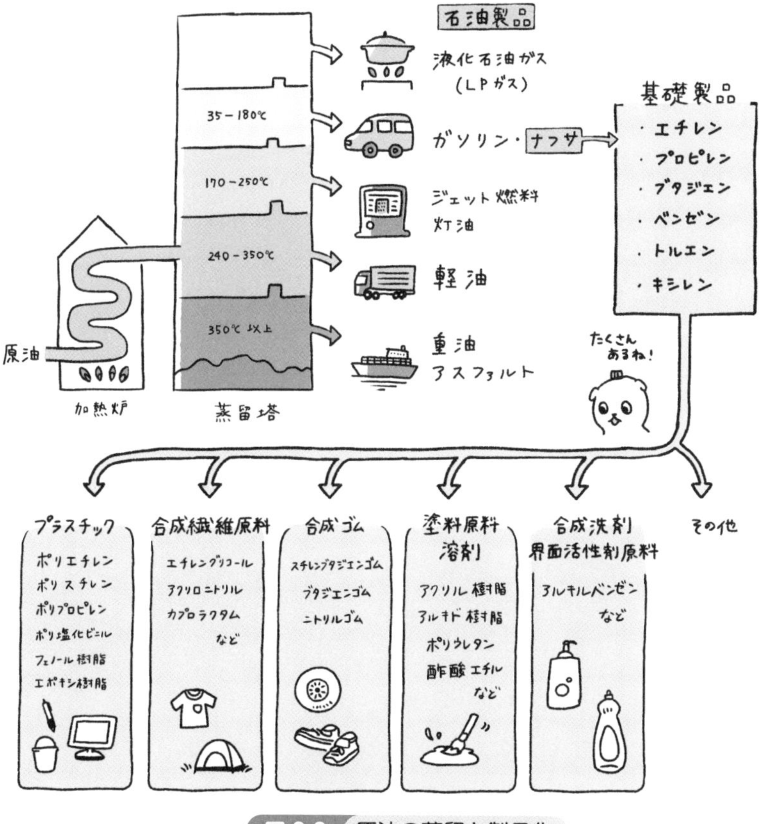

図2.2 原油の蒸留と製品化

沸点の低い順に、液化石油ガス（LPガス）、ガソリン・ナフサ、ジェット燃料・灯油、軽油、重油・アスファルトという具合です。

このうち、「ナフサ」をさらに加熱や分解することで、エチレンやプロピレンといった、プラスチックの元となる低分子化合物を取り出すことができます。これらナフサから取り出された化合物は、基礎製品とも呼ばれ、プラスチックをはじめ、合成繊維や合成ゴム、塗料や洗剤など、化学製品の製造に欠かせない原料となっていきます。

ナフサから取り出した低分子化合物を重合させてできるのが、ポリエチレンやポリプロピレンといった高分子化合物で、おなじみのプラスチックです。

これらははじめ、粉やかたまりとして生成されるため、扱いやすいように一度溶かし、「ペレット」という均一な粒に成形されます。プラスチックとしてイメージされるようになるのは、主にこのペレットの段階からです。

図 2.3 レジンペレット

有限の資源である石油

ここで、プラスチックの生みの親でもある石油について、もう少し触れておきましょう。

石油は、生物の死骸や植物、プランクトンなどが地層の中に堆積し、微生物による分解と地熱の影響を受けながら油化したものと考えられています。生物の体を構成していたあらゆる材料が、長い年月をかけてかんたんな構造の化学物質に分解され、蓄えられたものです。これが、あらたな材料の宝庫となっていることは、物質の循環という視点からも興味深いところです。そして同時に、これらが、長い年月かけてつくられた、有限の資源であることも忘れてはなりません。

1970年代に起こったオイルショックで、枯渇が懸念された石油ですが、2017年にはあらたに、可採年数は残り50.2年と算出されています。回収技術の向上、新たな石油資源の発見や確認により、可採年数は年々増える傾向にあります。いまだに全埋蔵量を把握しきれていない資源といえますが、いつかは使いつくしてしまうことに変わりはありません。

そんな石油資源ですが、日本では、年間約2億キロリットルの原油（不純物を取り除いたもの）が使われ、大部分は発電のためのエネルギーや燃料として用いられています。ナフサとして精製される量は、原油の10%弱と決まっており、ナフサは輸入によっても補填されています。2017年には、合計で4,585万キロリットルのナフサが利用されました。このうち、プラスチックとなったのは、1,102万トンです。4,585万キロリットルのナフサを得るために必要な原油量が、約4億5,850万キロリットル（3億8,972万トン）とすると、そのうちの約2.8%がプラスチックとなった計算になります。

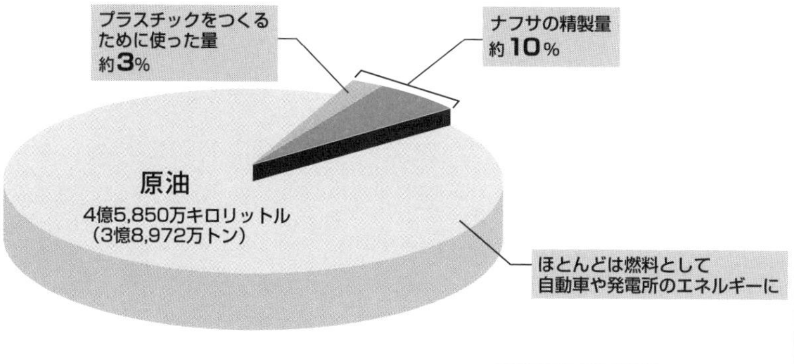

図 2.4 原油使用量と内訳

意外と少ないものだな、と感じた人が多いかもしれません。

近年では、有限の資源を大切に使うという視点とともに、温暖化対策の一環として、石油をはじめとする化石燃料の消費削減が求められています。プラスチックの製造に関わる石油の割合は、決して大きいものではありません。ですが消費削減の努力は、プラスチックの製造の面からも求められています。

2-2 プラスチック製品ができるまで

プラスチック製品を「つくる」はじめの段階として、石油から材料となるプラスチックを得るまでの過程をお話ししてきました。扱いやすいペレット状に成形されたプラスチックは、熱で軟らかくなるという特徴を生かし、次に成形という加工段階に入ります。ここからは、さまざまなプラスチックの成形方法について紹介していきます。

プラスチックのさまざまな成形方法

ペレット状のプラスチックから、製品がつくられる過程を見ていきましょう。熱を加えて溶かし、好きな形に成形できるのが、プラスチックの特徴でした。ナフサからつくり出された各種ペレットは、再び溶かされ、用途に沿った添加剤と混ぜ合わされたあと、製品として成形されます。

そこで、ドロドロに溶けたもので好きな形をつくり、固める作業を想像してみてください。ケーキを焼くときには、生地を型に流し込み、均一にならしてオーブンで焼き固めます。プラスチック製品も、ドロドロに溶かした材料を成形してつくりますが、お菓子づくりと似ているものから、少しユニークなものまで、さまざまな成形方法があります。そのうち、代表的な成形方法を紹介していきます。

型に流し込んで成形する「射出成形」

プラスチック成形の王道ともいえるのが、「射出成形」です。射出成形は、注射器のような構造のシリンダーから、溶けたプラスチックを製品の型に流し込み、固める方法です。

注射器の構造にあたる部分を射出装置、製品の型を金型、金型に圧力をかけて押さえる装置を型締め装置といいます。お菓子づくりと違うところは、この「型締め」が重要なところです。

まず、200℃ほどの温度で溶かされたプラスチックが、射出装置の先端から金型に注入されます。できあがるプラスチック製品は、薄いものから入り組んだ凹凸があるものまでさまざまですから、金型もすき間がせまく、複雑な形をしていることがあります。このような型に、溶けたプラスチックが均一にムラなく行きわたるようにするには、それなりの圧力をかけて流し込む必要があります。その圧力は、金型の内側で、約200～500kg／㎠におよびます。これは、親指の先にお相撲さんを2～5人乗せるような力だと考えてみてください。このような圧力で流れ込んでくるプラスチックを受け止めるには、頑丈な金型と、それをしっかり押さえ、締めつけておく力が必要です。万が一、金型が浮いたり、ずれてしまっては、正確な製品づくりはできません。この型締めがとても重要なのです※。

そして、冷え固まるのを待ち、型からはずせば完成です。

できあがるプラスチック製品が大きいほど、金型も型締め装置も頑丈で大型化していきます。射出成形は、精度が高く、ほかの方法に比べて、ムラのない製品を早くたくさんつくることができますが、設備にかかる最初のコストが大きくなるのも特徴の1つといえます。

※型締め装置には、さらに圧力がかかり、2,000kg/cm^2にもおよぶといわれています。

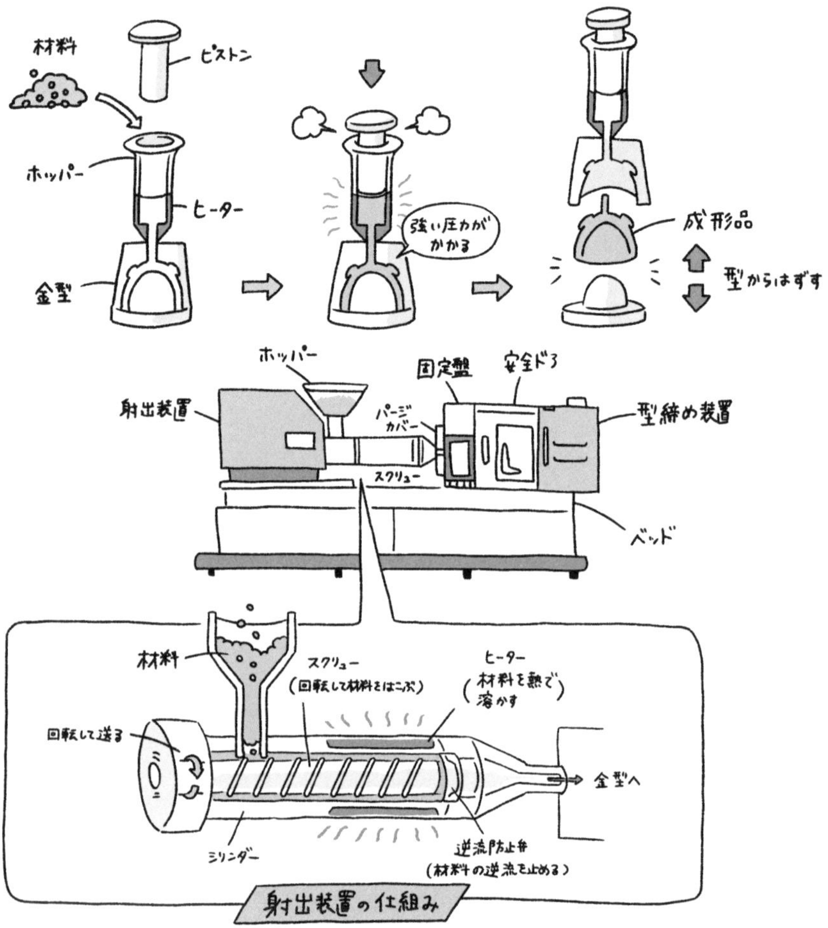

図 2.5 射出成形のしくみ

ダイスから押出してつくる「押出し成形」

次に、「押出し成形」という方法があります。

これは、ところてんをつくる要領というとわかりやすいかもしれません。チューブやパイプ、ホースなど、直線的に同じ形状をとる製品をつくるときに用いられる方法です。材料となるプラスチックと添加剤を混ぜ合わせ、溶かして押出す構造は、射出成形の射出装置と似ていますが、先端に「ダイス」という型が取りつけられているのが特徴です。

200kg／㎠という高い圧力でダイスから押出され、成形されたプラスチックは、どこを切っても均一で、同じ形状に仕上がります。ですが、ダイスと同じ形状かというと、少し異なります。

押出し成形は、ダイスを通すことで成形しますが、ダイスから押出された直後のプラスチックは、まだ冷え固まっていません。プラスチックに残る熱と押出しの圧力で、プラスチックはわずかに膨張します。そのため、押出されたプラスチックは、ダイスよりもやや膨らんだ形、たるんだ形状になる場合が多いのです。押出し成形では、それも見越したダイスの設計が必要とされています。

押出し成形は、ホースのように単純な構造のプラスチック製品から、意外なものでは、くだもののネットなどをつくることにも用いられています。それらのダイスは、回転しながら細長いプラスチックのひもを何本も同時につくり出し、ところどころが合流して融着するように設計されています。これが冷え固まると、ネット状に仕上がるというわけです。

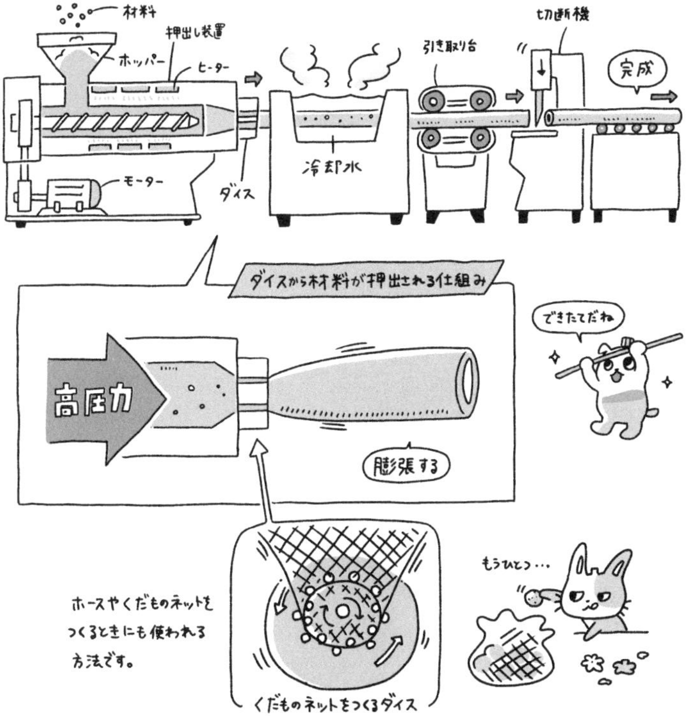

図 2.6 押出し成形のしくみ

空気を入れて膨らませる「ブロー成形」

3つ目は、「ブロー成形」という方法で、ボトルや瓶、タンクなど、中空の容器をつくるのに用いられ、中空成形とも呼ばれています。ブローは「吹く」ことを意味しますが、ちょうど吹きガラスをつくるイメージです。

代表的なブロー成形には、押出し装置とブロー成形装置を組み合わせた「押出しブロー成形」と呼ばれるものがあります。

まず押出し装置でチューブ状のプラスチック（パリソン）をつくり、それを金型ではさみ込みます。冷え固まる前の柔らかいパリソンに、内側から空気を入れて膨らませ、左右方向へ金型の内壁に押しつけるようにして成形します。

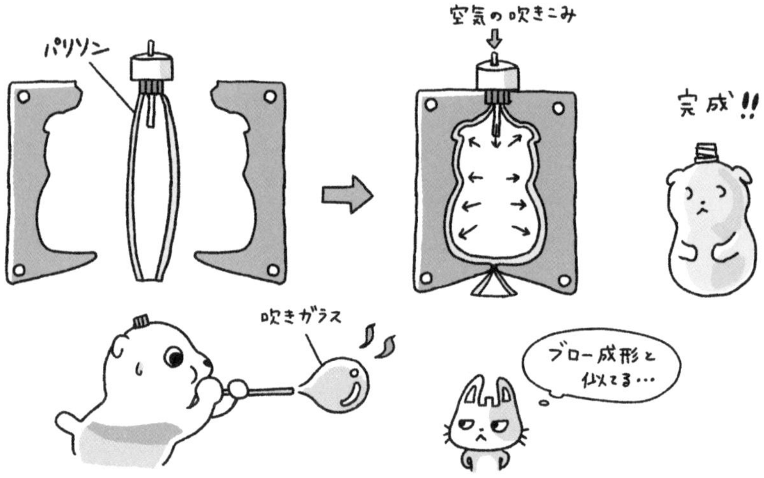

図 2.7 押出しブロー成形のしくみ

中空のボトルといえば、ペットボトルですが、これもブロー成形でつくられています。中でもペットボトルの成形には、強度が高いものを、効率的につくる「射出ブロー成形（インジェクションブロー成形）」という方法が取られています。この方法では、射出成形によって、あらかじめ試験管状のプラスチック（プリフォーム）をつくり、これを膨らませて金型で成形します。このとき、押出しブロー成形のように左右方向だけではなく、上下左右の方向へ引き伸ばしながら成形するのが特徴です。

1章でお話しした、プラスチックを形づくる分子の構造を思い出してみてください。プラスチックの分子は、各々が好きな方向に曲がりくねり、絡み合いながら集合しています。ここに、引っ張りの力が加わるとどうなるでしょう。分子は、力の方向に引き伸ばされ、分子同士が直線的に並ぶようになります。この部分は「結晶性」の構造をとるようになり、分子同士の結びつきを、より強固なものにします。

押出しブロー成形では、引き伸ばしの力が左右方向にしか働かなかったことに対し、射出ブロー成形では、上下左右に働きます。これが、より強度の高い製品をつくり出すしかけです。射出成形は、短時間で量産ができる効率のよい成形方法でもありますから、試験管状のプリフォームを素早く大量につくり出したあと、複数のブロー成形装置を同時に稼働することで、大量生産にも対応することができます。

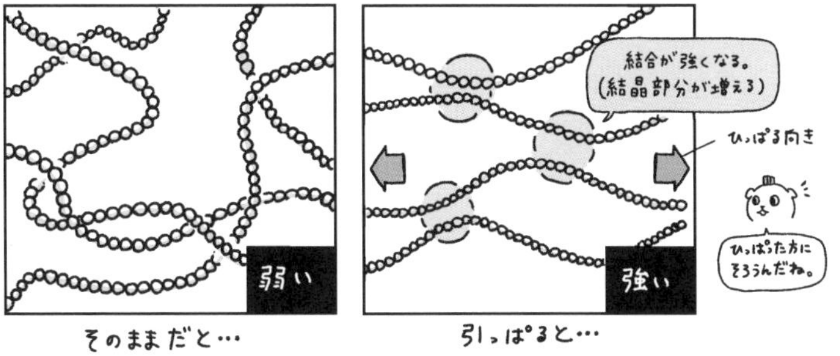

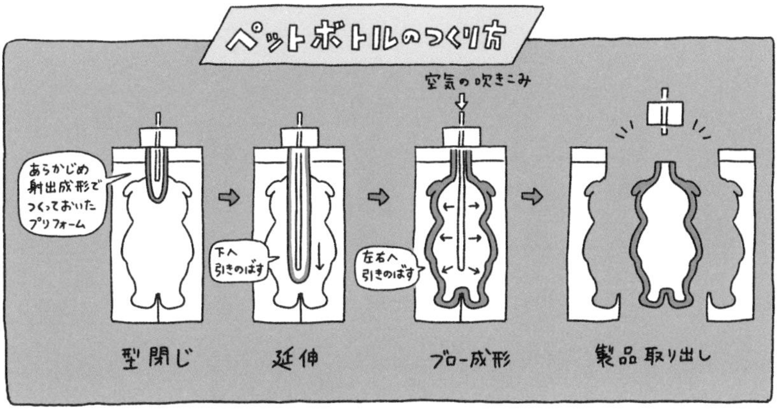

図2.8 射出ブロー成形のしくみ

薄く膨らませて成形する「インフレーション成形」

また、押出し機でつくったチューブに、空気を送って膨らませる成形方法には、「インフレーション成形」と呼ばれるものもあります。

この成形方法には、空気を送り込む金型がありません。チューブの押出しと吹き込む空気の圧力を調整し、膨らみと引っ張りの力を加えながら、空中に放出させて成形します。

文字通り、プラスチックが膨張（インフレーション）し、薄く引き伸ばされたシートとなって巻き取られていく様は圧巻です。このときの膨張と巻き取りは、引き伸ばしの力となり、できあがったプラスチック製品の強度も高めてくれます。この方法により、ポリ袋やラップなど、薄いシート状のプラスチック製品がつくられています。

図 2.9 インフレーション成形のしくみ

ローラーで薄く伸ばして成形する「カレンダー成形」

シートやフィルムなど、薄く平らな製品をつくる方法はほかにもあります。「カレンダー成形」もその1つで、お菓子づくりなどでめん棒を使い、生地を練り伸ばすのと同じイメージの成形方法です。熱したプラスチック材料を回転するローラーではさみ、練りながら薄く伸ばして成形します。

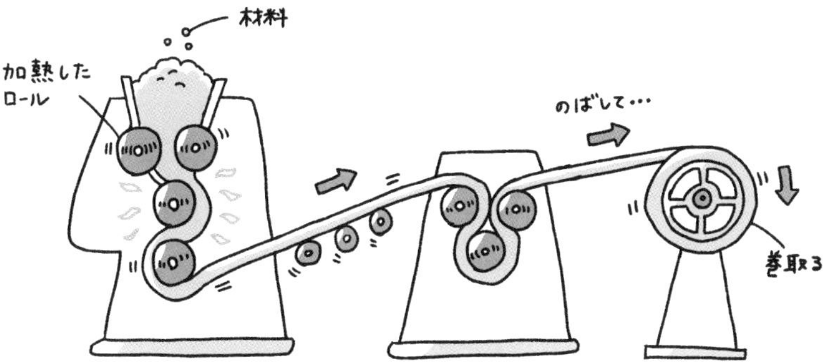

図 2.10 カレンダー成形のしくみ

シートを金型に密着させる「真空成形」

少しユニークな成形方法も紹介しましょう。たとえば、卵のパックをつくるときに用いられるのが「真空成形」という方法です。

シート状のプラスチックに熱を加えて柔らかくし、金型に押し当てて成形する方法ですが、このとき、金型の内側を真空にするのが特徴です。空気を追い出してつくる真空の空間には、外の物を引き寄せ、吸い込もうとする力が働きます。この力が、金型の内側に向かって働いているため、柔らかくなったプラスチックシートは、金型に吸いつけられ密着し、その形を写し取ります。

プラスチック成形の王道である射出成形は、薄く複雑な形をつくることは苦手ですが、真空成形では、入り組んだ複雑な形も上手に写し取ることができます。卵のパックのほか、お面づくりなどにも使われる、少しユニークな方法です。

ここまでで紹介したプラスチックの成形方法は、どれも熱して軟らかくしたプラスチック材料を、目的の形に成形する方法でした。ですからこれらは、おもに「熱可塑性プラスチック」の成形方法といってよいでしょう。

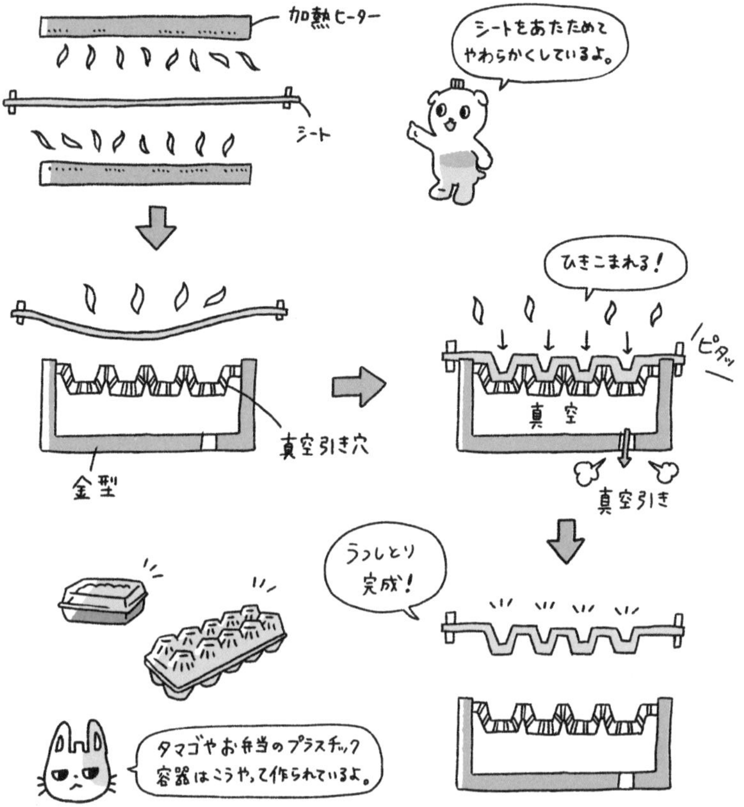

図 2.11 真空成形のしくみ

熱硬化性プラスチックの成形方法

では「熱硬化性プラスチック」は、どのように成形するのでしょうか。はじめに、お菓子づくりと似た方法があると話しましたが、それは「圧縮成形」という方法で、主に熱硬化性プラスチックの成形に用いられます。

熱硬化性プラスチックは、熱を加えることで、ポリマーと架橋剤が反応して立体網目状の結合をつくり、硬化するのが特徴です。この反応は、加熱下で徐々に進み、熱の加えはじめには、材料が柔らかい時間があります。圧縮成形は、そのタイミングで材料を金型にはさみ込み、圧力をかけて形をつくります。このように、熱硬化性プラスチックの成形は、「立体網目状構造化」と「成形」を同時に行うというところがポイントです。

材料を型に流し込んで焼き上げるケーキを例にお話ししましたが、圧力をかけて成形するところは、たい焼きやワッフルのイメージに近いかもしれませんね。

また、熱硬化性プラスチックの成形には、射出成形なども用いられますが、いずれも熱を加えると徐々に硬化するというところを、うまくコントロールする必要があります。

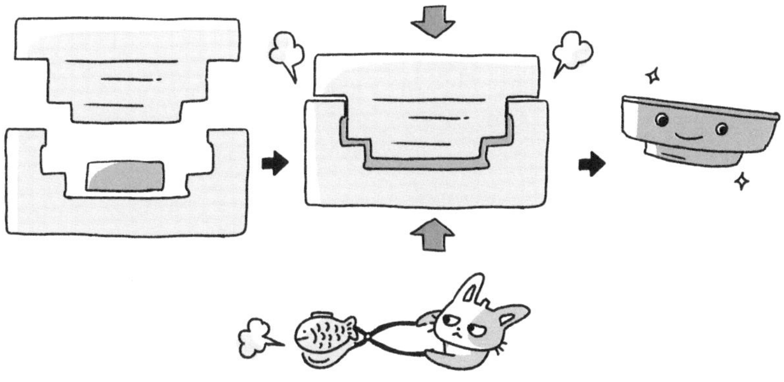

図 2.12 圧縮成形のしくみ

プラスチックのさまざまな成形方法を見ていきました。溶かして好きな形をつくることができるというと、何だかかんたんで楽しいイメージが湧きます。ですがプラスチック製品の加工は、1つひとつに個性がある手づくりのお菓子と一緒というわけにはいきません。同じ製品であれば、1ミリの狂いなく精度を保つ必要があり、そのためには、温度や圧力、金型の設計など、ち密な計算と工夫が必要です。

どのような製品をどれほどつくるのか、精度をどこまで保つ必要があるのかといった条件によって、射出成形など高価な設備投資を必要とする方法から、より安価な方法まで選択することになります。

発泡スチロールの成形方法

では最後に、これも忘れてはならないプラスチック製品、「発泡スチロール」の成形について紹介しておきます。

発泡スチロールは、壊れやすい家電製品や精密機器を梱包する材料として、おなじみの素材です。また、水揚げされた魚介類を運ぶ入れ物として、漁業においても欠かせない資材で、衝撃を干渉する働きや、熱を遮る断熱効果が高く、ほかのプラスチック製品にはない性質が重宝されています。

発泡スチロールは、ポリスチレンを材料につくられますが、空気を多く含ませて成形することがポイントです。そのためにまず、材料のポリスチレンを小さな粒状（ビーズ）に加工し、中にブタンやペンタンといったガス（発泡剤）を含ませます。この発泡剤は、熱を加えることで膨らみ、ビーズの中で小部屋をいくつもつくります。これを「予備発泡」といい、元のビーズの10倍程度まで膨らみます。

いよいよ製品として成形する段階では、予備発泡させたビーズを金型の中に送り込み、さらに蒸気で熱を加えます。ビーズはさらに膨らみながら、互いにくっつき合い、金型の形に成形されていきます。発泡スチロール製品をよく見ると、粒の集まりでできているのがわかるのは、このような成形方法を行っているためです。

発泡スチロールは、最終的に、元のビーズの約50倍にまで膨れ上がって完成します。ですから、プラスチックは製品のたった2%に過ぎず、残りの98%は空気でできています。

少ない原料でたくさんの製品ができるため、何か得をしたように感じるかもしれませんが、リサイクルのことを考えると、そこが厄介な点に変わってしまいます。とてもかさばる上に、資源として取り出せるプラスチックはわずかでしかありません。

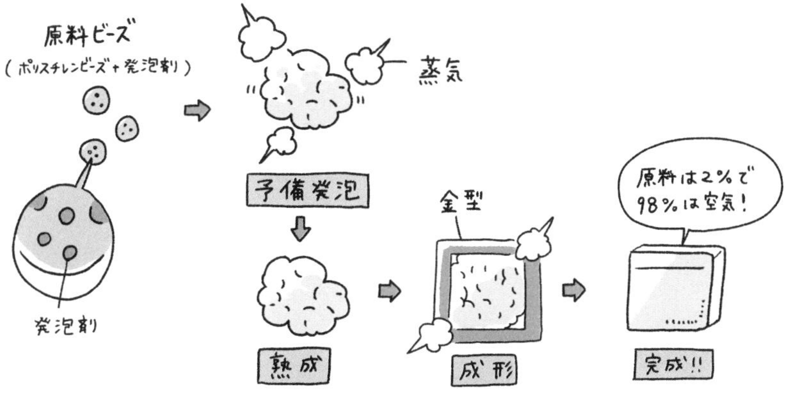

図 2.13 発泡スチロールの成形

2-3 プラスチックの分別・回収・リサイクル

「リサイクル」というキーワードが出てきたところで、視点を新たに、プラスチックのライフサイクルのうち、リサイクルも含めた処理の段階を見ていくことにしましょう。

プラスチック製品の分別と回収

製品となったプラスチックが、それぞれの役割を終えるまでの時間はさまざまです。食品の容器は、スーパーから自宅に持ち帰れば、すぐに役目を終えますし、ペットボトルも手に取ったあと、くずかごに処分するまでは短いものです。逆に、パソコンや自動車などの部品として使われるプラスチックになると、10年以上活用されることもしばしばです。そのほかにも、身近なもので、長く大切に使われているプラスチックがいろいろと見つかるかもしれません。

とはいえやはり、金属や陶器などと比べると、気軽に使い、処分できるというのがプラスチックの大きな特徴といえます。プラスチックは、大量生産が可能なうえに、燃やして処分することができ、廃棄するときもかさばりが抑えられるなど、さまざまなメリットから汎用性を拡大してきました。

プラスチックのライフサイクル最後のキーワードは、処理とリサイクルです。それでは、具体的に見ていきましょう。

リサイクルしやすい回収方法とは?

処理のはじめは、回収です。家庭から出る廃棄物の回収方法は、それを処理する自治体ごとに決められています。以前は、プラスチックも生ごみや紙類と一緒に、「燃えるごみ」と一括りにして処理することが多かったのですが、最近は「プラスチック」を分別回収する自治体が増えています。

その背景には、プラスチックを燃やして処理するとき、燃やす温度や方法が適切でないと、ダイオキシンなどの有害なガスが発生することがわかり、対策が必要となったことや、リサイクルを促進するという目的があります。

特にリサイクルは、同じ素材ごとに分別することからはじまりますから、分別回収はその入り口として、とても重要です。これを促進するため、法体系の整備も進んでいますが、それについては本章の最後でお話しすることにします。

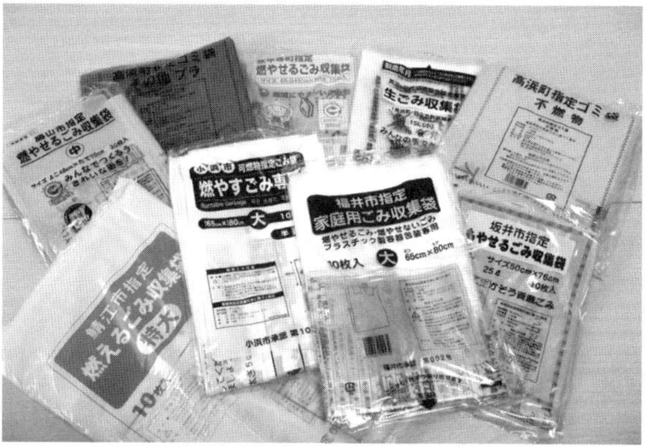

図 2.14 分別回収用の袋

資料提供：三和薬品株式会社

リサイクルの王道「マテリアルリサイクル」

ここで、リサイクルのイメージを思い浮かべてみてください。使用済みの物が再び新しい「物」に生まれ変わることを想像する人が多いと思います。たとえば紙の場合、古新聞や古雑誌、使い終わった牛乳パックなどが、また再生紙となって誰かに届き、また紙として使われるといった具合です。

プラスチック製品でも、たとえばペットボトルでは、「ボトルtoボトル」と呼ばれ、ボトルがボトルに生まれ変わるリサイクルが行われています。このように、何度も同じ製品として再利用するリサイクルは、「水平リサイクル」と呼ばれ、理想的なリサイクルの1つです。

ペットボトルはほかにも、カーペットや衣料品などの繊維製品としてリサイクルされたり、プランターや枕の中のビーズのようなものとしてもリサイクルされています。後者のように、元の製品よりも品質の劣る別のプラスチック製品へと再生利用するリサイクルは、「カスケードリサイクル」と呼ばれています。

ボトルと衣服では、見た目も質感も違いますが、成形、加工前のプラスチック材料まで戻すことができれば、再び成形してボトルにすることも、繊維として加工することもできます。

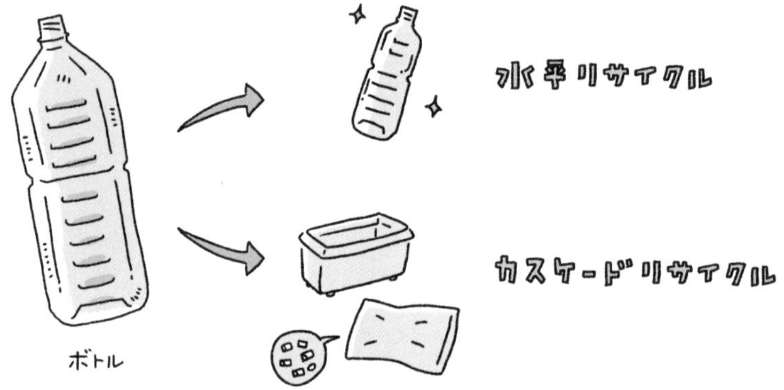

図 2.15 ペットボトルのマテリアルリサイクル

ペットボトルのリサイクル

プラスチック製品を、プラスチック材料に戻す流れを、ペットボトルを例に紹介します。

分別回収が進んでいるペットボトルですが、回収されたものには、別の素材が混ざっていることもしばしばです。1章で紹介しましたが、製品名が印刷されたラベルやキャップは、ボトル本体とは異なるプラスチック材料からできています。リサイクルは、このような素材違いのプラスチックを取り除いたり、ひどく汚れるなどして、リサイクルに不向きなボトルを取り除く、地道な手作業からはじまります。

手作業の分別を終えたボトルは、運搬しやすいように圧縮され、回収した自治体から、リサイクル業者へと運ばれます。リサイクル業者では、さらに厳密な手作業での分別をくり返し、混ざりけのないリサイクルに適したPETのみを選び出します。こうして分別を終えたあと、ようやく粉砕、洗浄の作業に移ります。そして熱を加えて溶かし、再び加工、成形前のペレットとします。

図 2.16 マテリアルリサイクルの流れ

このように、プラスチック製品をプラスチック材料に戻し、新たなプラスチック製品に変えるリサイクルを、「マテリアルリサイクル」といいます。多くの人がイメージするリサイクルは、このマテリアルリサイクルではないでしょうか。

マテリアルリサイクルは、単一の素材に分別することが何より重要ですから、回収の段階から分別を行うペットボトル（PET）で、もっとも高率に行われているリサイクルといえるでしょう。また工場等から、生産、加工途中のロスとして直接排出されるプラスチックも、比較的均質な素材のため、マテリアルリサイクルに向いていることがあります。

ところが、あらゆるプラスチック製品で、マテリアルリサイクルを行うことは難しく、それ以外のリサイクル方法も考えることになります。

さまざまなリサイクル方法

国内における、2017年のリサイクル実績をもとに、リサイクルの内容を詳しく見ていきましょう。

プラスチックのリサイクルには、マテリアルリサイクルのほかに、「ケミカルリサイクル」や「サーマルリサイクル」と呼ばれるリサイクル方法があります。2017年には、年間903万トンのプラスチックが廃棄されました。このうちマテリアルリサイクルに回されたものは、211万トンで全体の23%、ケミカルリサイクルが40万トンで4%、サーマルリサイクルが524万トンで58%となり、残念ながらリサイクルされずに処分されたものが128万トンで14%ありました。

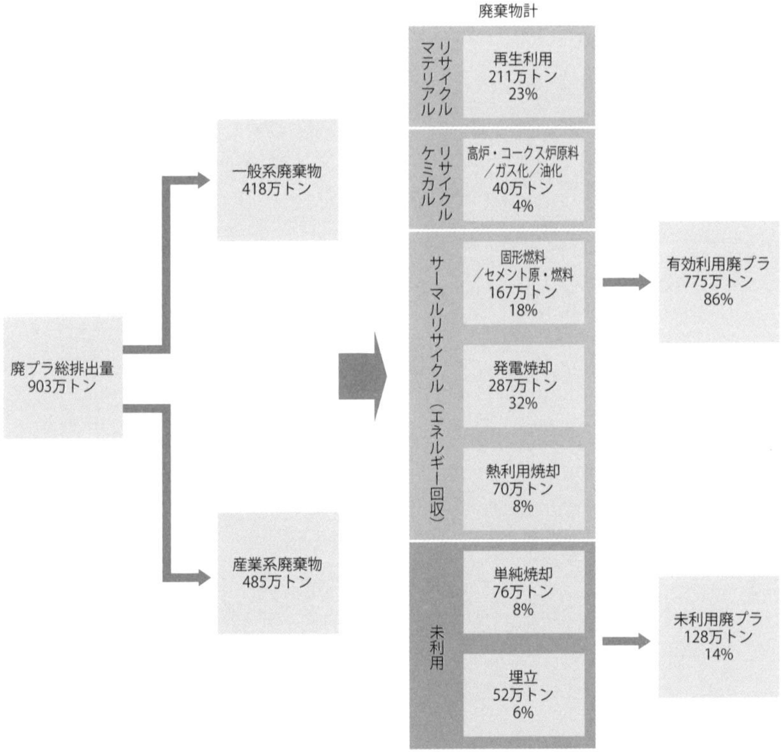

図 2.17　2017年のリサイクル実績

出典：一般社団法人プラスチック循環利用協会「プラスチックリサイクルの基礎知識2019」をもとに作成

熱エネルギーとして利用する「サーマルリサイクル」

もっとも多い、サーマルリサイクルとはどのようなリサイクルでしょうか。

サーマル（thermal）は、「熱の、温度の」という意味の言葉で、直訳すると「熱のリサイクル」となり、プラスチックを熱源としてリサイクルすることを指します。「プラスチック」と「熱」はまったく別のもので、リサイクルという言葉とつながらない印象を持つ人もいるでしょう。このリサイクルでは、プラスチックを焼却するときに発生する熱やガスを取り出し、熱エネルギーとして発電などに再利用します。プラスチックとすがたかたちは変わりますが、これもリサイクルの1つと考えられています。

ここで、発電と熱の関係についてもおさえておきましょう。

発電は、コイル（金属の線がぐるぐる巻かれたもの）と回転する磁石（磁界）が、電流（電気）を生み出す電磁誘導のしくみを使って行われています。この3つの関係は、理科の授業でおなじみの「フレミングの法則」で表されます。中指、人差し指、親指をそれぞれ電流、磁界、力（回転力）に見立てて、それぞれがどちらの方向に働いているかを考える問題に、記憶がある人も多いのではないでしょうか。

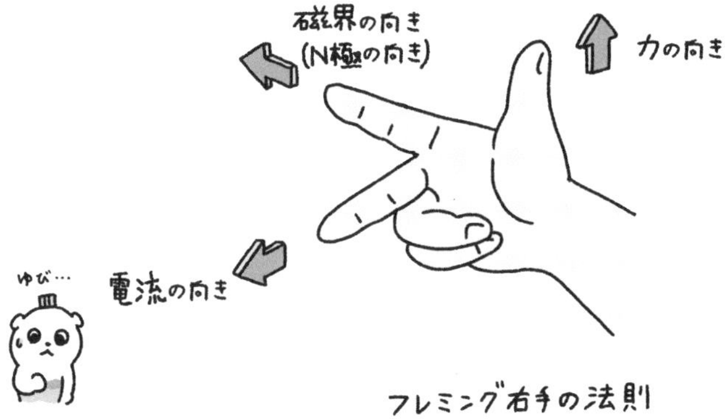

ここで必要となるのが、磁石を回転させる力です。発電所では、蒸気が吹き出す力をタービンで回転力に変え、これを磁石に伝えています。ちょうど、沸騰したやかんから噴き出す水蒸気の上に、風車（＝タービン）をあてると、勢いよく回転するのと同じイメージです。

さらに、蒸気を発生させるためには熱が必要です。火力発電や原子力発電は、それぞれ火を燃やすことによる熱、原子に核分裂という反応が起こる際に放出される熱を利用して、蒸気を発生させています。

ちなみに、熱を必要としない発電の1つである風力発電では、風の力がブレード（羽根）を回し、この回転力を使って発電しています。

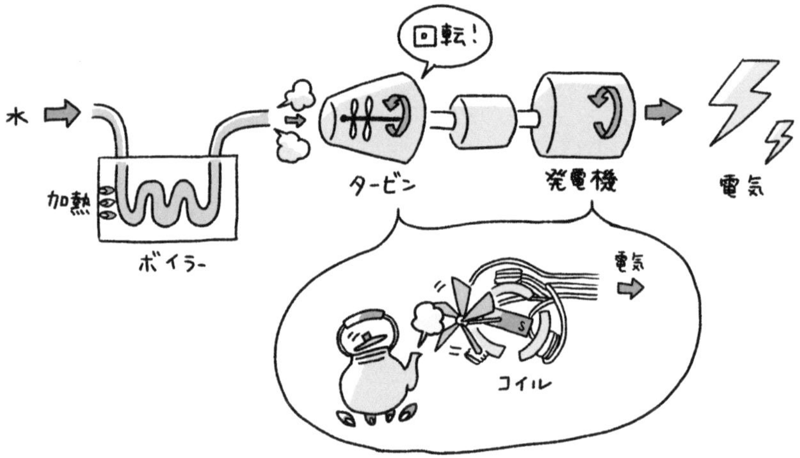

図 2.18 発電のしくみ

リサイクル方法として最適？

サーマルリサイクルでは、プラスチックを焼却するときに発生する熱やガスを取り出し、発電に必要な熱エネルギーとして再利用しています。物として新たに生まれ変わるのではなく、熱に変わって焼失するリサイクル方法は、皆さんのリサイクルのイメージとは、少し異なるかもしれません。

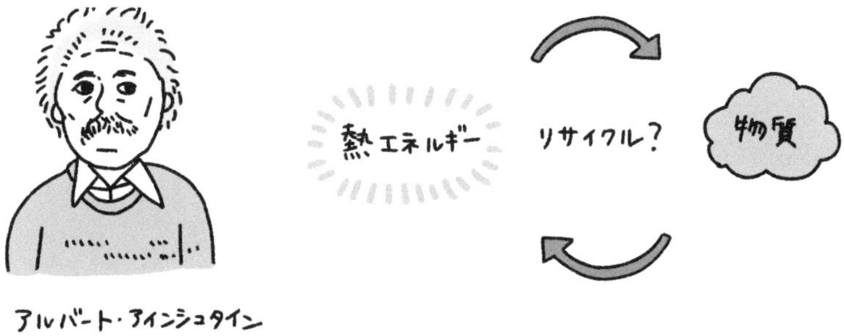

物質と（熱）エネルギーは、互いに転換し得る存在とする、アインシュタインの相対性理論が有名です。サーマルリサイクルが「リサイクル」に位置づけられるイメージの助けになるかも？

プラスチックは、紙類やそのほかの可燃物よりも燃やすと高温になり、多くの熱エネルギーと排ガスを放出します。これを活用すれば、発電の熱源として、新たに投入する石油や石炭を減らすことにも貢献するため、重要なエネルギー源とみなされるようになってきました。現在では、ごみ焼却施設の3分の1以上が、発電施設を併設するようになり、今後も増加する傾向があります。

サーマルリサイクルにはこのほかにも、セメントを製造する際の原燃料として廃プラスチックを用いたり、廃プラスチックと古紙を混ぜて、固形燃料に変えるリサイクルなども含まれています。

ちなみに、マテリアルリサイクルを優先する欧州のEUでは、ここで紹介したサーマルリサイクルをリサイクルには含めず、「エネルギーリカバリー（エネルギー回収）」という別の概念で捉えていることも、押さえておきたいところです。

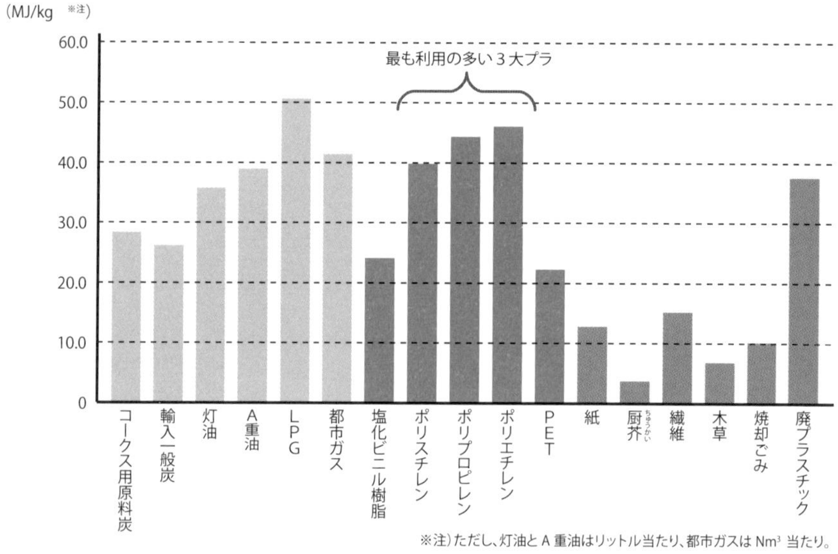

図 2.19 発熱量の比較

出典：一般社団法人プラスチック循環利用協会「プラスチックリサイクルの基礎知識　2019」をもとに作成

化学物質を取り出す「ケミカルリサイクル」

次に3つ目のリサイクル、「ケミカルリサイクル」について紹介します。

「ケミカル」は、化学的であることや、化学的に合成することを表す言葉です。このリサイクルでは、プラスチックが化学的にどのような材料でできているかまで立ち戻って考えます。つまり、プラスチックのポリマー構造の基本となるのは、モノマーでした。さらに、このモノマーは、水素や炭素といった限られた元素の組み合わせでできています。ケミカルリサイクルでは、プラスチックをモノマーや元素の単位に戻し、新たなプラスチックや化学物質として再合成するリサイクルを行います。

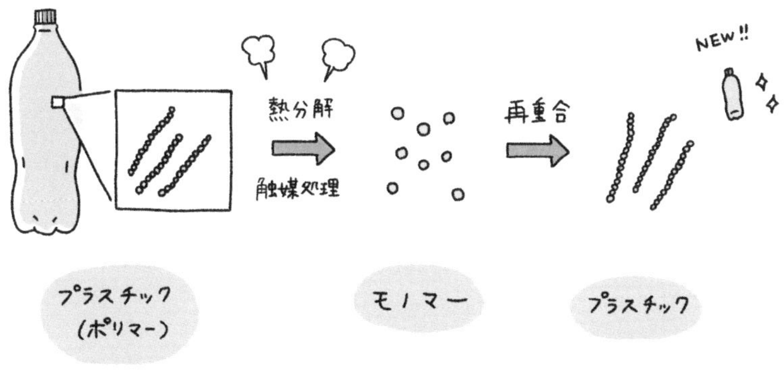

図 2.20 ケミカルリサイクルのイメージ

さらに、プラスチックを加熱、分解すると、含まれる水素や炭素と周りの酸素などが結合し、炭化水素や一酸化炭素、水素といったガスが発生します。このガスを取り出し、材料として、メタノールやアンモニア、酢酸といった化学物質を新たにつくり出すこともできます。

これらはそのまま利用されるというよりも、化学工業の原材料として用いられます。化学工業とは、化学反応を駆使して、利用価値の高い物質をつくる工業のことで、ナフサからエチレンを取り出し、重合反応を経て、ポリエチレンをつくり出すのも化学工業の1つです。

その他にも、プラスチックに含まれる炭素と水素が、酸素を奪う還元剤の役割を果たすことを利用し、製鉄所で鉄鉱石から鉄分を取り出す高炉原料として、コークス（製鉄に用いる還元剤）の代わりに用いるリサイクルもあります。また、同じく製鉄所に設置されたコークス炉という設備で、熱分解することにより、炭化水素油やコークス、コークス炉ガスといった物質を得るケミカルリサイクルもあります。炭化水素油は、化学原料となり、コークス炉ガスは、発電などに利用されます。

石油に戻す油化技術

このように、プラスチックの再利用を図るのがケミカルリサイクルです。そこで、水素や炭素まで分解する前に、一歩手前のナフサ、さらには石油の状態に戻すことはできないの？　と考えた人がいるかもしれません。それらは「油化技術」といい、1970年代から技術開発が試みられました。

プラスチックを高分子の状態から低分子の状態にさかのぼり、原油と同等のものを得ようとすることは、技術的に不可能ではありません。ところが、回収したプラスチックから不純物を取り除くことに手間がかかり、さらに多くの熱エネルギーが必要なため、原油をつくるために油をはじめとする燃料や、電力を使わなければならないというジレンマに阻まれました。結果として、可能ではあるものの、現在のところ持続的な運用は困難とされています。

理想的なリサイクルとは?

プラスチックのリサイクルでは、マテリアルリサイクルとサーマルリサイクルが主なリサイクル方法となりますが、単一素材として分別回収が可能なものはマテリアルリサイクル、混ざりけのある素材や、分別回収が困難なものはサーマルリサイクルに適しているということができます。

リサイクルというと、マテリアルリサイクルのイメージが強いため、サーマルリサイクルは消極的なリサイクルと取られることがあります。ですが、紙を再生紙としてリサイクルするにも、品質の劣化から、6 回までが限度であるといわれています。同様に、プラスチックにも再利用には限界があります。いずれは最終的に処分する必要があり、その際もサーマルリサイクルが最後の活用方法として有効になります。ならば、品質が劣化するぎりぎりまで、マテリアルリサイクルを行えば良いではないか、という意見も出てきそうですが、これも慎重に考える必要があります。次にその理由を考えていきましょう。

2-4 リサイクルの評価と推進

リサイクルが「良いこと」とされるのはなぜでしょうか。それには、限りある資源を大切に使うことと、環境への配慮、という2つの視点があります。このとき、マテリアルリサイクルをすることが、本当に環境への配慮につながるかを考えることも重要です。

リサイクルと二酸化炭素

環境への配慮を考えるとき、何となく環境にやさしそう……という主観では、本当に環境によく働くことなのか評価することはできません。誰もが一目で納得できる基準が必要です。その1つが、二酸化炭素の排出量です。

二酸化炭素の効果

地球に届く太陽エネルギーの48%を占める赤外線には、物を温める性質があります。また、温められたものからも赤外線が出され、宇宙空間に向かって放出されています。二酸化炭素やフロン類など、「温室効果ガス」と呼ばれる大気中の物質は、宇宙空間へ出ていこうとする赤外線を吸収し、再び地表に向かって跳ね返す働きをします。もともと大気中にわずかに含まれる二酸化炭素は、この働きにより、世界の平均気温を14℃に保つ役割を果たしています。温室効果を示すこれらの物質が大気中に存在しなければ、世界の平均気温はマイナス19℃まで下がるといわれており、その存在は地球環境を温暖にし、生き物が生きていく上でも重要なことがわかります。

ところが、温室効果ガスの量が増えすぎると、地球の平均気温が上昇し、逆に高温による環境の変化をもたらしてしまいます。これが、二酸化炭素の排出量増加による気候変動、温暖化といわれるものです。

化石燃料を燃やすと増える二酸化炭素

二酸化炭素は、化学式でCO_2と表されますが、C(炭素)が燃焼してO(酸素)と結合することにより発生します。ですから、炭素と水素でできた炭化水素が主な成分である石油や、炭化物である石炭を燃やすことにより、二酸化炭素が高率に発生します。同時に、多くの燃焼熱が発生し、大量の熱エネルギーを得ることもできます。

化石燃料に由来する二酸化炭素の発生は、18 世紀にイギリスではじまった産業革命を機に急激に増加しました。石炭で水を熱して水蒸気を発生させ、それを動力に用いる蒸気機関の発明もこれに拍車をかけました。石炭に代わり、石油が利用されるようになったのは、1960 年代のことで、これを石油革命と呼んだりもしています。

ちなみに、たんぱく質や炭水化物、脂肪をエネルギー源として生きている私たちの体の中でも、燃焼は起こっています。体をつくるたんぱく質や脂質なども、同じく炭素や水素からできており、呼吸で取り込んだ酸素を用いてこれらを燃やし、エネルギーをつくり出しています。ですから、私たちの体からも、その反応の産物として、二酸化炭素が排出されますが、石油や石炭の燃焼に比べると、その量は微々たるものです。

リサイクルでは二酸化炭素は減らせない?

プラスチックのリサイクルに話を戻しましょう。リサイクルが本当に環境への配慮に役立っているかどうか、評価する基準の1つが二酸化炭素の排出量であるとお話ししました。石油からつくられるプラスチックを燃やすと、二酸化炭素が発生します。そうすると、サーマルリサイクルがもっとも二酸化炭素を排出し、マテリアルリサイクルはそれが抑えられると思われがちですが、それは性急な考えです。

なぜかというと、マテリアルリサイクルを行う場合もエネルギーを使うからです。つまり、リサイクルの前処理、運搬、リサイクル工場を稼働させ、製品をつくる……これらの各工程でも、直接的、間接的にエネルギーの消費が起こり、二酸化炭素が発生します。これを見過ごしてはなりません。各リサイクル方法で発生する二酸化炭素の量を、運搬などの間接的な発生量も含めて分析、比較する視点が重要です。そうするとこの比較対象には、「リサイクルしない」という選択肢も含まれるかもしれません。

このように、資源の採取から製造・加工、使用から廃棄までの全過程における環境への負担を数値化し、科学的、客観的に評価する手法のことを、「ライフサイクルアセスメント（LCA）」といいます。

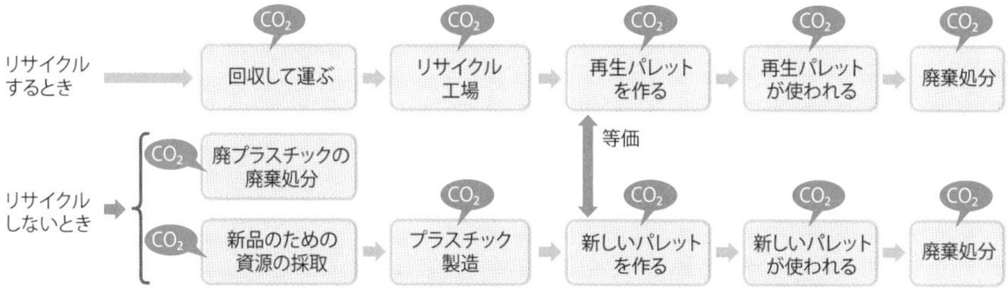

図 2.21　CO_2 排出量を基準にリサイクルを評価する

出典：一般社団法人プラスチック循環利用協会「プラスチックリサイクルの基礎知識2019」をもとに作成

限りある資源を大切に使い、ごみを減らすという視点からは、マテリアルリサイクルを推進したいところですが、LCAを通して見ると、課題が残ることもわかります。最終的なリサイクルであるサーマルリサイクルに持ち込む前に、可能な限りマテリアルリサイクルやケミカルリサイクルを推進するためには、二酸化炭素の発生などの環境負荷を抑え、本当の意味で効果的なリサイクルとする工夫や技術が必要となってきます。

リサイクル推進のしくみ

限りある資源の消費を抑え、環境に配慮した物づくりと消費、さらにリサイクルを行うという資源の循環を実現した社会を「循環型社会」と呼びます。この目標に向け、2000年を起点にさまざまな法律がつくられ、整備されてきました。

この中には、1章で紹介した「容器包装リサイクル法」を含む「リサイクル関連6法」というものがあります。容器包装リサイクル法をはじめ、家電リサイク法、食品リサイクル法、建設リサイクル法、自動車リサイクル法、小型家電リサイクル法の6法です。それぞれの製品の特性に合わせて、適切な処分や再資源化を促進することを狙いとしています。中でも、日々の生活でもっとも身近なものは、「容器包装リサイクル法」で、プラスチック容器や包装材料について、分別回収することを義務付けたものです。

この法律によって、私たち消費者は、できるだけ排出を抑えるとともに、排出する際は分別を行う役割を担います。そして回収する自治体にも、分別回収が効率的に行われるためのシステムの整備や、必要な措置を行う責任があるとされています。また、忘れてはいけないのが、プラスチック容器や包装を製造、販売する事業者にも責任があるという点です。

事業者には、1章で紹介した識別マークの表示義務が課されているほか、リサイクルを行う義務も負うこととされています。とはいえ、事業者は自らの工場や事業所の中で、製造とリサイクル（再商品化）を並行して進めなければならないのかというと、そうとは限りません。例えば、日本容器包装リサイクル協会などの法人へリサイクル費用を払うことで、その手続きや作業を委託することができるしくみがあります。

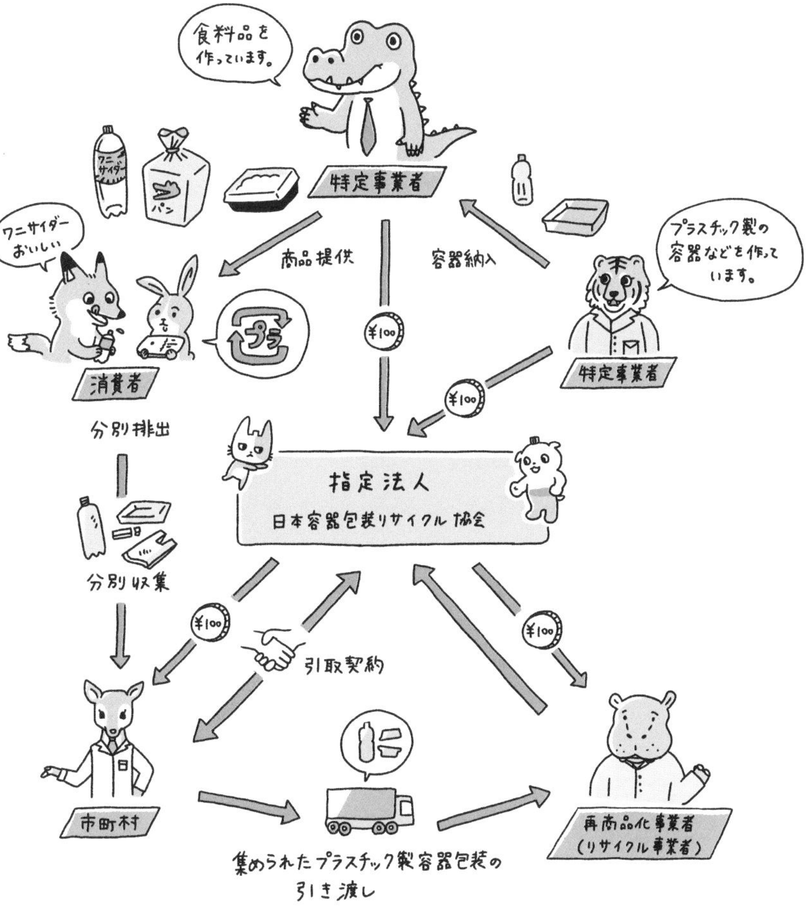

図 2.22 指定法人ルートによるリサイクルの流れ

出典：公益財団法人日本容器包装リサイクル協会ホームページ
「指定法人ルートによるリサイクルの流れ（例：プラスチック製容器包装）」をもとに作成

ごみの分別は、何となく「やらされている」という感覚を持ちがちですが、実は見えないところで、このようなしくみやつながりがあるのです。その一端を担うと思えば、分別の意義にも実感がわくところではないでしょうか。プラマークという、誰もがわかりやすい表示があるのですから、私たち消費者も、リサイクルの入り口である、「分別」という責任ある行動をとりたいものです。

リサイクルの責任

最後に、リサイクルの「責任」について、少し視野を広げて見てみましょう。日本では主にサーマルリサイクル、次にマテリアルリサイクルが高率に行われているという話をしました。このうちのマテリアルリサイクルの中には、「輸出によるリサイクル」も含まれています。マテリアルリサイクルを前提として、主に中国や東南アジアの国々へ資源として輸出するのです。

ところがこれらの国々では、再資源化の設備が十分に整っているとは限らず、有効利用されるどころか、再びごみとなって流出したり、持て余してしまう事態が起こっています。このような事態を重く受け止めた中国では、2017年にプラスチックの輸入規制をはじめることが決まりました。中国はこれまで、多くのプラスチック廃棄物を受入れてきた国の1つです。この規制により、世界で年間500万トンのプラスチック廃棄物が、行き場をなくすことになるといいます。この影響はもちろん、日本にもおよんでいます。

ケミカルリサイクルの技術開発が活発であった2000年初頭、多くのプラスチック廃棄物が、輸出によって処理されていました。皮肉なことに、国内に残るプラスチック廃棄物が少ないために、原料が得られず、頓挫してしまった技術も存在したほどです。これからはまさに、他国を当てにするのではなく、自国内で完結する、本当の意味での「循環型社会」の構築が求められています。

第3章

マイクロプラスチックとは何か

プラスチックとはどのような物か、そしてそれを材料とする製品の生産から廃棄までのライフサイクルについて話を進めてきました。プラスチックは、使われる場面に応じて最適な機能を備える人工素材を目指して開発され続けています。比較的歴史の新しいこの素材は、今や私たちの暮らしになくてはならないものとなっています。

ところが近年、プラスチックといえば、「ごみ問題」が目下の話題です。

本章では、「マイクロプラスチック」という存在に着目しながら、プラスチック廃棄物にまつわる事情を、実際に行われている調査と研究をもとに紹介していきます。

3-1 プラスチックごみが問題になるのはなぜか?

ストローのように、一度きりの用途で捨ててしまうプラスチックは、ワンウェイプラスチックと呼ばれています。このような、手軽に使って捨てる、という一方向の使い方の見直しが、世界的に図られようとしています。その全体像と背景を見ていきましょう。

ワンウェイプラスチックを削減する取り組み

日本では2020年7月から、レジ袋の有料化がはじまりました。さらにそれよりも早く、国策としてワンウェイプラスチックの利用の見直しを宣言した国が数多くあります。

たとえばフランスでは、使い捨て容器の使用を2020年から原則禁止とすることを、2016年に公布しました。ルワンダでは、旅行者が国外からレジ袋を持ち込むことすら禁止しています。このような取り組みは、さらに拡大しています。

1	アメリカ	カルフォルニア州のハンバーガーショップでは、リサイクルとコンポスト（堆肥）専用のごみ箱が設置されている。	5	ドイツ	ドイツのペットボトルには、デジポット制が導入されている。
2	EU	日常的に使われるプラスチック製品（ストロー、プラスチック食器、マドラー、風船用スティック、綿棒など）の使用を禁止。2025年までにほぼすべてのプラスチックボトルのリサイクル回収を目指している。	6	ケニア・ルワンダ	ケニアでは、2017年8月からポリ袋の製造、販売、輸入が法律で禁止されている。ルワンダでは、旅行者の持ち込みも禁止。
3	イギリス	使い捨てのプラスチック製ストロー、マドラー、綿棒の販売を禁止。	7	中国	中国の空港では、給水器を設置し、ペットボトルの利用を削減する取り組みを行っている。
4	フランス	2020年1月1日から、タンブラー、コップ、皿などの使い捨てプラスチック容器の使用を禁止。さらに、2023年までに段階的に禁止品目が増える予定。	8	タイ	バンコクのホテルではガラス瓶で飲み水を提供している。

図3.1 ワンウェイプラスチック削減の取り組みの一例

海洋汚染とプラスチックの関係

ワンウェイプラスチックをはじめとするプラスチック製品の使い方が大きな話題となり、排出を減らすべく対策が求められるようになった背景には、プラスチックによる海洋汚染が深刻化しているという問題があります。1章で、プラスチックの歴史についても触れましたが、プラスチックの生産量が飛躍的に高まりを見せたのは、1950年代のことでした。そして1960年代にはすでに、研究者の間で、プラスチックによる海洋汚染を示唆する報告が出されはじめていました。

1962年、ニューファンドランドの海鳥の消化管の中から、プラスチックのかけらが見つかったことが、それを裏付けるはじめての報告だといわれています。それから50年以上経った2016年、国際会議（ダボス会議）で、このような衝撃的な試算が発表されました。

「今と同じようにプラスチックの消費と廃棄が続けられれば、海洋のプラスチックごみの総重量が、2050年には海洋生物の総重量を超える」というのです。

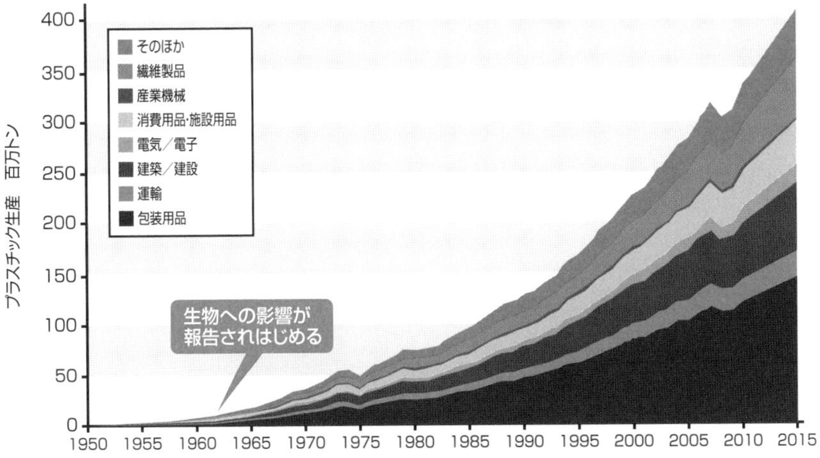

図 3.2 プラスチック生産量の年代グラフ

出典：「Global primary plastic production according to industrial use sector from 1950 to 2015」
John Sloan et al.,Frontier Technology Quarterly, September 2019: Frontier technologies for addressing plastic pollution（2019.9）

プラスチックは劣化する

海鳥が飲み込んだプラスチックが、「かけら」であったことをお話ししました。環境中に放置されたプラスチックは、紫外線や物理的な刺激を受け続けるうちに劣化し、ついには砕けて細かいかけらになっていきます。

屋外に長い間吊るされた洗濯バサミやハンガー、遊具などに触れると、ボロボロと砕けてしまったという経験はありませんか？　表面が白くなり、粉をふいた状態も同じです。紫外線は人の肌にも刺激となり、日焼けを起こすように、プラスチックももろく、劣化させていきます。

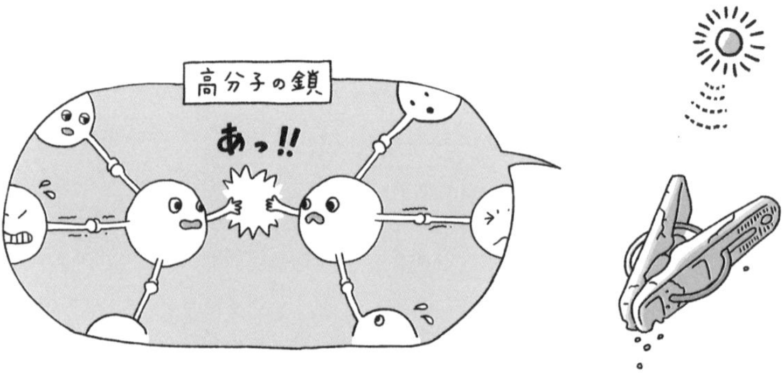

図 3.3 紫外線によるプラスチックの劣化

プラスチックは、モノマーが鎖状にたくさんつながった高分子からできていますが、紫外線はその鎖のつぎ目（モノマー同士のつながり）に作用し、切断していきます。その結果、安定した形を保つことができなくなったプラスチックは、細かく砕けてしまうのです。

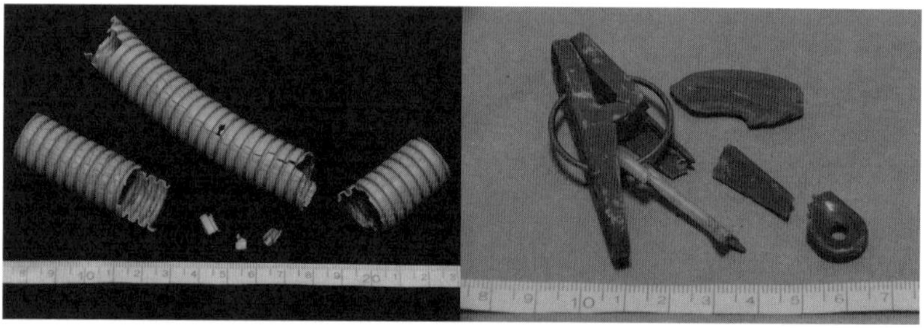

図 3.4 劣化したエアコン室外機のパイプと洗濯バサミ

このようなプラスチックの変化は、身近な場所でも起こっていますが、さらに多くのかけらを生み出している場所があります。それが「海」です。海岸や波打ち際は、日光を遮る場所が少なく、紫外線にさらされやすいのと同時に、波にさらわれたり、揉まれたりといった物理的な刺激も生じます。その結果、海では多くのプラスチックの「かけら」が生み出されていると考えられています。

プラスチック片の分類

細かく砕けたプラスチックを、かけらと呼んできましたが、これらは学術的に、次のように分類されています。

製品の元の形を残したものを「マクロプラスチック」、5ミリメートル以上のかけらとなったものを「メソプラスチック」、さらに細かい5ミリメートル以下のかけらを「マイクロプラスチック」といいます。そしてさらに細かい、1ミリメートルの1000分の1サイズ以下となったかけらは、「ナノプラスチック」と呼ばれています。

図3.5 サイズによる分類

1μm（マイクロメートル）は、1mm（ミリメートル）の1000分の1、さらにその1000分の1が1nm（ナノメートル）です。

プラスチックはなくならない？

ここで、少し考えてみましょう。プラスチックは、ナノメートルサイズまで小さくなっても、プラスチックと呼ばれています。では、どこまで小さくなれば、プラスチックは「なくなった」といえるのでしょうか？

マイクロプラスチックには、目に見えるものもありますが、ナノサイズに近づくにつれ、もはや、顕微鏡などを使わなければ見えないものになります。これらが海の中を漂っていると、あたかも水に溶けてなくなったかのように感じられるかもしれません。ですが、プラスチックは、どこまで小さくなってもプラスチックのままで、なくなることはありません。

そもそも「なくなる」ということは、高分子が分子となり、さらに分解が進んで、最終的には二酸化炭素や水など、自然の中に存在する無機物に戻ることです。そして分解を行うのは、「分解者」と呼ばれる微生物たちです。

図 3.6 生産者・消費者・分解者の関係

私たち人間の体も含め、自然がつくり出したものは、この分解者の存在によって自然に還り、また新たな生き物に取り込まれ、体をつくる材料となります。こうして、分解を経て循環するしくみは、生命を支えるシステムとして欠かせないものです。

ところが、プラスチックをはじめとする人工でつくり出した物質には、それを分解し、自然に戻せる分解者が存在しません。どれだけ小さくなろうとも、プラスチックはプラスチックのまま、目に見えない大きさになりながら、残り続けていきます。

そして、適切な処分がなされなかったプラスチックは、自然の中に放置されるうちに、小さなプラスチックのかけらをいくつも生み出しながら残り続けます。海鳥が飲み込んだプラスチックのかけらも、その途中段階にあったものといえるでしょう。

3-2 マイクロプラスチックはどのようにしてできるか

小さなかけらになりながらも残り続けるというプラスチックの性質が、ごみ問題をさらに厄介なものにしています。そして、プラスチックごみの劣化が進み、数多くの小さなかけらを生み出す場となっているのが「海」です。そのメカニズムを詳しく見ていきましょう。

海に拡散するマイクロプラスチック

海岸や波打ち際で、マクロプラスチックがメソプラスチックへ、さらにマイクロプラスチックへと砕けていくメカニズムを、詳しく調べる研究が行われています。

九州大学の磯辺篤彦教授らの研究チームは、漂流するプラスチックが、海岸近くをどのように移動するのか、プラスチック片（かけら）のサイズごとの分布とその移動について、詳しく調べました。

サイズによる特徴的な分布

多くのプラスチック製品は水に浮きますが、それは海水においても同じです。加えて海では、波や吹き付ける風が、海面に動きをつくり出します。そしてそれらが、プラスチック片の移動に興味深い影響を与えています。

5ミリメートル以上のメソプラスチックは、海面近くの浅い場所を漂いやすく、それより小さなマイクロプラスチックは、海面からやや深い場所を漂流するといいます。

どうしてそのようなことが起こるのでしょうか？　プラスチック片が海水中を漂うとき、浮き上がろうとする「浮力」と、海水による「摩擦力」が発生します。摩擦力は、沈む方向へ働き、浮こうとする力に拮抗します。この摩擦力は、メソプラスチックよりも、小さな体積の割に表面積の多いマイクロプラスチックで大きくなり、結果として、マイクロプラスチックの方が、海面よりもやや深い位置を漂うことになります。

図3.7 波の動きとプラスチックの移動

マイクロプラスチックを大量に生み出すメカニズム

さらに海面には、「ストークス・ドリフト」という水の動きが存在します。波は、寄せては返す動きをしますが、よく見ると、寄せた波が返り切らず、少しずつ岸へ寄せる動きが生まれています。これをストークス・ドリフトといいます。

海面近くを浮いて漂うメソプラスチックは、ストークス・ドリフトに乗って海岸方向へ移動しやすく、打ち上げられる機会が多くなります。海岸では、日光や紫外線の影響で劣化が進み、次に波にさらわれる時には、さらに細かいプラスチック片に変わる可能性が高まります。

こうして、海岸近くの波の作用によって移動するプラスチック片は、効率的にマイクロプラスチックへと変化していくといいます。

マイクロプラスチックになると、海面に浮きあがる力が小さくなるため、再び海岸に押し上げられる機会を失い、代わりに沖合へと流されていきます。

こうしたプラスチックの動きは、肉眼ではなかなか確認できるものではありませんが、科学的（力学的）に解明すると、思いがけないメカニズムを持っています。

それにしてもプラスチックは、海表の独特の動きによって、さらに小さく砕かれては拡散するメカニズムを得ているといえそうです。これは、海洋のプラスチックごみを減らす活動にとって、痛手となることは間違いないでしょう。浮いて漂流するメソプラスチックを、マイクロサイズに変化する前に回収することが、要となることがうかがわれます。

3-3 プラスチックごみが海にたどり着くまで

海にたどり着いたプラスチックごみが、小さなマイクロプラスチックに変わりながら、海に拡がるメカニズムの一端を紹介しました。

では、私たちの生活から出たプラスチックごみは、どのようにして海までたどり着いているのでしょうか。

海に運ばれるプラスチックごみ

現在のままでは、残り3～40年という短い期間のうちに、海洋生物の総重量より多く、つまり8億トン以上のプラスチックが、海洋に溜まってしまうといわれています。

増え続けると予測される海洋のプラスチックの発生源には、海に持ち込まれ、不法に捨てられた廃棄物や、漁業で用いる漁具が、その場でごみとなったものなどが含まれます。さらに、海からは遠い内陸から出るプラスチックごみが、海へ運ばれてきたものも多く含まれると考えられます。それは、海洋を漂うごみや、海底に沈んだごみを調査すれば明らかです。海で直接用いられたとは考えにくい生活用品が、その中には大量に存在しています。

図 3.8 海から引き揚げられた廃棄物

資料提供：山陽学園中学校・高等学校　地歴部

生活の場から河川へ

内陸の生活から出たプラスチックが、遠く海まで運ばれる過程を想像するのは、少し難しいかも知れません。そこでまずは、生活圏から海までの経路となる身近な河川から、その様子を観察してみることにしましょう。

図3.9は、東京都国分寺市に水源を持つ野川と、野川を含む多数の支流が合流する多摩川の様子を実際に観察したものです。

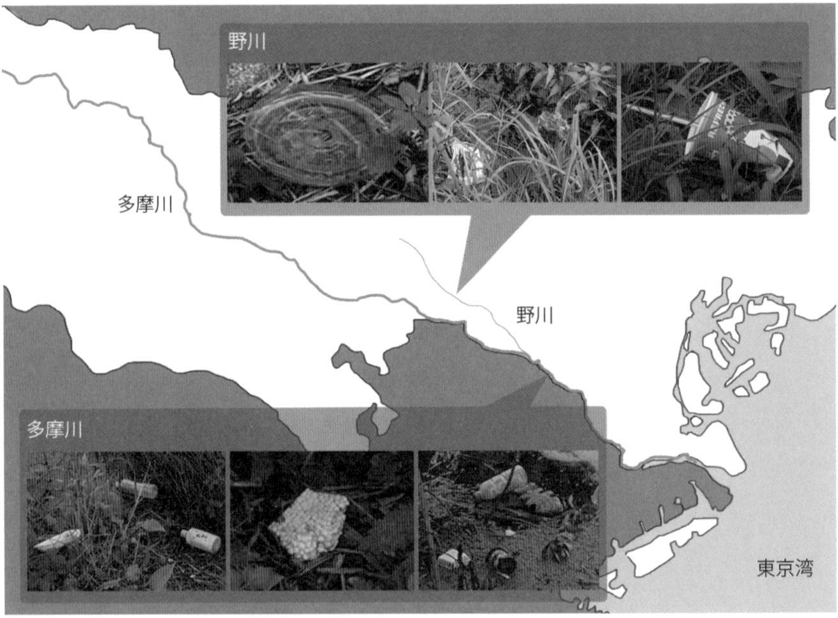

図3.9 野川・多摩川のプラスチックごみ

野川は、国分寺市や小金井市など、東京都内のいくつかの街をぬうように走る小川で、住宅に面した水域も多く、都市の生活に近い川の1つです。

ここで放棄されているプラスチックへ目を向けると、レジ袋や食品の容器が多く目につきます。川面や河岸、遊歩道に散見するこれらのごみは、遠く離れた場所から運ばれてきたというよりも、周辺の日常生活から出たものや、行楽に訪れた人が捨てたものの可能性が高いように見えます。

次に支流が集まり、川幅も水量も多くなった多摩川を見てみます。周囲に住宅がなく、公園や緑地に囲まれた水域を訪れましたが、ここでも食品の容器やペットボトルが多く見られるほか、発泡スチロールが多数目につくようになりました。これらは軽く、水に浮きやすい特徴があるため、水の流れに沿って、容易に運ばれることが想像できます。近くに、ごみの発生源と見られる場所が少ないことからも、流れに沿ってはるばる旅してきたことがうかがわれます。

ほかにも、ボールなどの遊具や靴など、一体どこからやってきたのかわからない物が、あちらこちらで目につきます。野川のような支流を経て、生活に近い場所から運ばれてきたのかもしれません。

河川から海へ

支流から、大きな河川へこれらが運ばれるには、長い時間がかかるように思えるかも知れません。しかし大雨や台風が、それを一気に引き起こすことがあります。

台風のあとの河川には、水嵩の増した支流から押し流されてきた物のほか、風で巻き上げられ、運ばれてきたと思われるあらゆる物が散乱しています。周囲に遮るもののない河川は、プラスチックをはじめ、屋外に放棄された物の到達地の1つとなることがわかります。

観察した多摩川は、このあと、水流を維持しながら東京湾に流れ込みます。こうして海が、これらプラスチックごみの最終到達地となっていきます。

どんな水域で何が運ばれているのかは、身近な河川でも観察できます。いつもと違う視点で河川を散策してみると、ほかの発見があるかも知れません。

図3.10 台風後の多摩川の河岸

増水ラインに浮いて運ばれたペットボトルが並ぶ

3-4 海を出入りするプラスチックごみの量

次に、プラスチックを含むごみが、どれくらいの規模で海へ流れ出しているのか、その「量」に注目して、瀬戸内海で行われた研究の1つを紹介します。

瀬戸内海に集まる海洋ごみの調査

瀬戸内海は、本州と四国に囲まれ、外洋から閉ざされた海域の1つです。このような海域には、周辺からの流出物が集まり、停滞しやすい特徴があります。そして同時に、溜まったごみの一部が漏れだし、外洋への流出源となることもあります。これらの特徴から、瀬戸内海は、日本の沿岸地域を出入りするプラスチックごみの現状を把握する上で、重要な観測ポイントということができます。

そこで、鹿児島大学の藤枝繁教授らの研究チームは、瀬戸内海へ集まる年間のごみの量と、外洋への流出量を詳しく調べました。

調査の結果、年間を通し瀬戸内海には、約4,500トンのごみが新たに流れ込んでいることがわかりました。そのうち66%は、陸の生活圏から河川を介して流れ出してきたものであることがわかっています。

新たに流入した4,500トンの海洋ごみのうち、1,400トンはさまざまな団体や組織の活動で回収されていますが、残りの3,100トンは、外海へ流れ出るか、海底に沈殿していくと報告されています。

瀬戸内海は、日本の一部の海域に過ぎないにも関わらず、これだけのごみが、新たに海洋へ流れ出しているということになります。そう考えると、2050年には8億トンに……という計算も、現実味を帯びてくるところです。

海に集まるごみの種類

ところでこの研究では、プラスチック以外のものも含めた廃棄物をごみとして取り扱っていますが、その内訳を見ると、大半がプラスチックであることがわかります。

場所により、ごみの構成には差がありますが、海岸で約69%、海面では95%以上のごみが、プラスチック由来であることも調査されています。これは、一般社団法人JEANが全国に呼びかけて行っている国際海岸クリーンアップ（ICC）の2018年の活動で、回収されたごみの構成とも類似

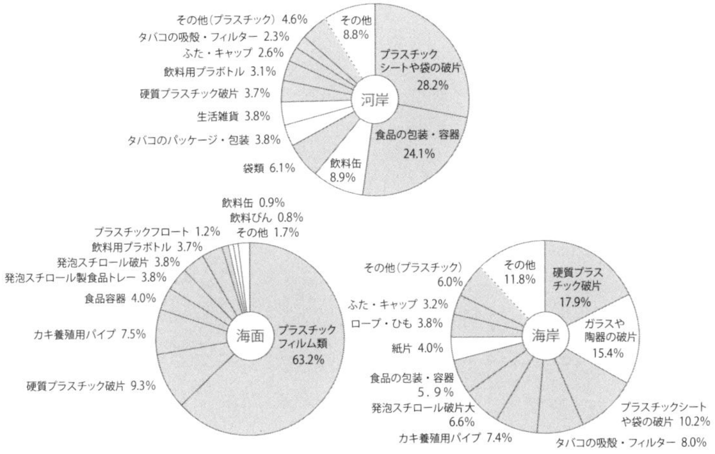

図 3.11 瀬戸内海のごみの構成

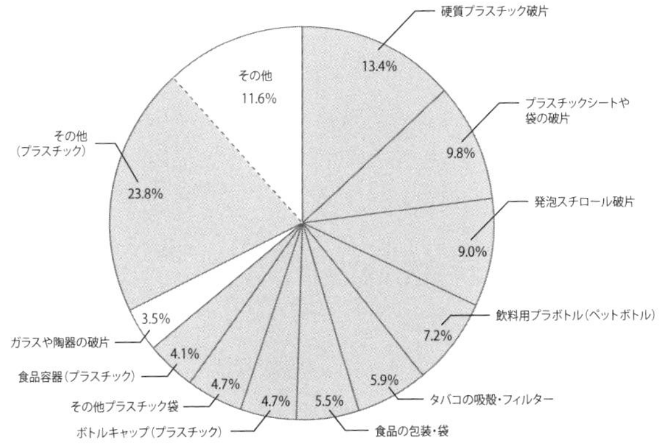

図 3.12 ICC2018 回収品目トップ 10 の割合

出典：一般社団法人JEAN

注：上記の円グラフは、ごみの数量の割合を示しています。重量の割合ではありません。
タバコの吸殻・フィルターはプラスチックに、素材が明確ではないものはプラスチック外・その他に含めました。

する結果で、その構成は、29年間の調査で大きな変化がなかったことも報告されています。

詳細には、1990年代はタバコのフィルタ、2000年代に入ってからは硬質プラスチック破片がもっとも多く、2003年からは、プラスチックシートや袋の破片がワースト3位に出てくるとともに、飲料プラスチックボトルも割合を増す傾向にあります。これからは、私たちの生活様式の変化が、海ごみの構成にも反映していることがうかがわれます。

プラスチックを中心とするこれらのごみが、どのように海に集まり、移動していくのかも考えてみましょう。

瀬戸内海には、周辺の府県をぬって21の一級河川が流れ込み、流域に住む人の数は3,100万人とされています。河川が、生活圏と海を結ぶことを先にお話ししましたが、これら河川の全流域にわたる人の生活が、ごみの発生源の1つになっていることが考えられます。

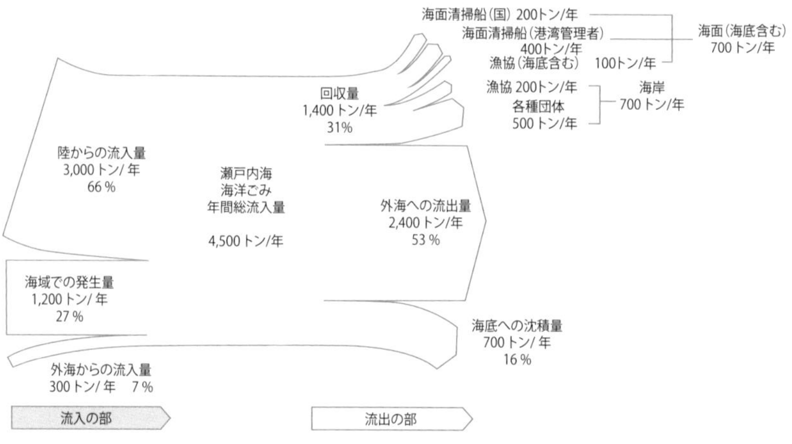

図3.13 瀬戸内海における海洋ごみの収支

出典：藤枝 繁ら「瀬戸内海における海洋ごみの収支」
沿岸域学会誌 2010; 22（4）：17-29.をもとに作成

次に、養殖や漁業に使われる漁具が海上で直接ごみとなる場合があります。具体的には、カキの養殖用パイプ（プラスチック）や発泡スチロール製のフロート（浮き）、漁網などが挙げられます。

こうした漁具の流出や放棄も、あなどれない問題です。網や浮き、運搬に用いられる発泡スチロールやコンテナなどが、世界中の海で認められています。これらが逆に、外洋から瀬戸内海へ流れ込んでくることもあります。

複雑なごみの出入りを把握する

また、ごみの動きや量は、海岸や海の上の調査だけでは把握しきれません。比重の重いごみは、海底への沈殿が進んでいきます。ごみの動きを把握するためには、これらの量も子細に観測する必要があります。

さらに、ごみは溜まる一方ではなく、回収活動も加速を見せています。活動は、行政や企業のみならず、漁業操業者や市民のレベルにも広がっており、ごみを減らすことに貢献しています。

これらの瀬戸内海におけるごみの動きを現地調査と計算によりシミュレートすると、図3.13のようになります。

こうした海域や地域ごとの研究結果は、今後、どのような規模で、どのように対策を行えば、海洋のごみを減らしていけるか考える上で、重要となっていきます。研究データに基づいた効果的な対策の実施は、今後世界的に必要性を増すことになるでしょう。

3-5 海洋プラスチックごみの発生源

海洋のプラスチックごみ問題をひも解くために、プラスチックごみが海に流れ出す道筋と、その量的な規模について、日本の一海域を例に紹介していきました。次は、海洋へのごみの流出を、グローバルな視点で見ていきましょう。

海洋に流れ出るプラスチックごみの国別ランキング

2015年、アメリカのジェナ・ジャンベック博士（Dr. Jenna Jambeck）らによって、沿岸に位置するどの国や地域から、どれほどのプラスチックがごみとして海へ流れ出しているのかを示した、研究データが発表されました。

これによると、年間の流出量の上位を占めるのは、中国と東南アジアの国々です。また、先進国であるアメリカが20位、日本は30位という結果であることも示されました。

すべての国や地域の海岸から流れ出すプラスチックを実際に観測し、その数値を示すことは困難です。この研究では、管理が行き届いていないと考えられるプラスチックごみの量を推定し、その量に、海に流れ出すと考えられる割合を掛け合わせた結果をデータとしています。

このとき、人口密度が高い地域ほど、多くのプラスチックが使用され、ごみの流出も多いと考えがちですが、そうとは限りません。経済状態の違いにより、プラスチックの使用量、さらに、ごみの処理方法や処理システムの成熟度合いにも差が生まれます。多くのごみを出しつつも、それを処理する仕組みが整っている地域からは、ごみの流出が少ないと考えられます。図3.14は、これら国や地域ごとの条件を踏まえ、算出された海洋プラスチックごみの国と地域別の流出量を示しています。

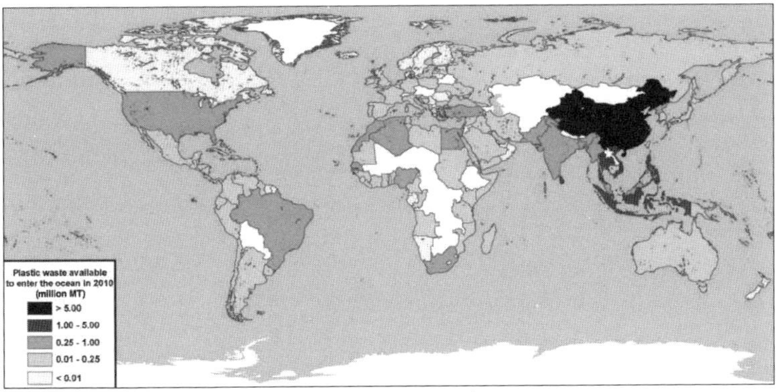

ランキング表

順位	国	海洋プラスチックごみ（万トン／年）
1	中国	132～353
2	インドネシア	48～129
3	フィリピン	28～75
4	ベトナム	28～73
5	スリランカ	24～64
6	タイ	15～41
7	エジプト	15～39
8	マレーシア	14～37
9	ナイジェリア	13～34
10	バングラディッシュ	12～31
11	南アフリカ	9～25
12	インド	9～24
13	アルジェリア	8～21
14	トルコ	7～19
15	パキスタン	7～19
16	ブラジル	7～19
17	ビルマ	7～18
18	モロッコ	5～12
19	北朝鮮	5～12
20	アメリカ	4～11
⋮	⋮	⋮
30	日本	2～6

図 3.14 ジェナ・ジャンベック氏らの研究データ

出典：Jenna R. Jambeck et al., "Plastic waste inputs from land into the ocean", Science (2015).

世界の河川別ランキング

違う調査結果も見てみましょう。

2017年、ニュージーランドやオランダ、アメリカの共同研究チームからは、海洋へ流れ出るプラスチックごみの量を河川ごとに調べた成果が報告されています。

これによると、毎年新たに、全世界で115万トンから241万トンのプラスチックが、河川から海洋へ流れ出しているといいます。そして全流出量の90%が、流出量の多い上位122の河川から排出されるプラスチックで占められていることが示されています。122の河川とは、世界に分布する河川のたった0.3%程度で、流域に暮らす人の数は、世界人口の36%にあたります。これら上位の河川には、103のアジアの川、アフリカとアメリカ（中南米）でそれぞれ8つの川、欧州の1つの川が含まれます。

さらにいうと、流出量の上位20にあたる河川は、主にアジアの河川となっています。これら20の河川からだけで、全流出量の67%を占めているともいわれており、プラスチックの流出源は、限られた地域に偏っていることが、よくわかる結果となっています。そして、前出のジャンベック博士らの研究結果とも、おもな流出源となる地域はほぼ一致しているといえそうです。

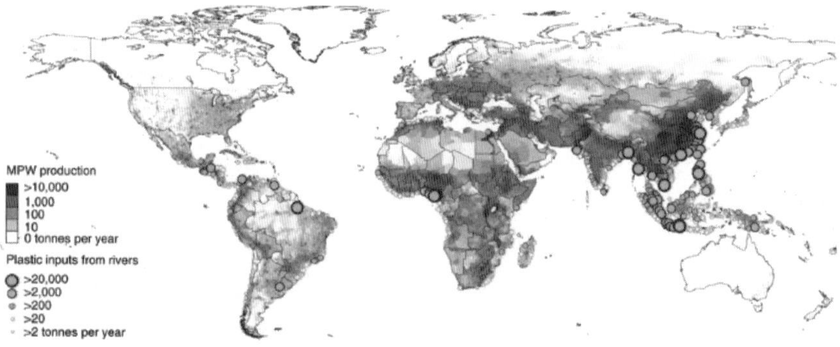

図 3.15 ローラン・ルブルトン氏らの研究データ

出典：Laurent C. M. Lebreton et al.,"River plastic emissions to the world's oceans" Nature Communications(2017)
各国、地域の色の濃さ（MPW production）は管理の行き届いていないプラスチックごみの量を、円の大きさが河川を介した流出量の多さを表している

これらの国や地域が、世界的に偏って存在していることは、注目すべき点です。

世界の国々で、プラスチックの海洋への流出を防ごうとする動きがあることは、先にお話ししました。この取り組みを成功させるためには、自国の排出量を減らし、回収システムを改善していくことはもとより、排出量の多い国や地域の対策を、国際的な枠組みで進めていく必要があることを、これらの結果は示しています。

たとえば日本では、マテリアルリサイクルの一環として、廃棄プラスチックを輸出しています。輸出先は主に、東南アジアの国々です。これらの国において、プラスチックが再び資源として活用され、適切に処分されれば、資源の循環が成り立ちます。ところが、紹介した研究結果からは、輸出先である東南アジアで、そのしくみがうまく働いていないことも示唆されています。

このことからも今後は、輸出によるリサイクルではなく、国内で資源を上手に使いまわすしくみの構築を目指すことになるでしょう。さらに、世界規模で資源循環を可能とするためには、発展途上の国々の技術と環境の整備も必要となります。そのためにも、客観的な研究データを示すことは、今後の方向性や取り組みを決める上で、必要不可欠なものとなっていきます。

3-6 海洋ごみのたどり着く場所

小さなボトルに手紙を入れて海に流せば、遠い国の砂浜にたどり着く……そんな話にあこがれを抱いた人も多いでしょう。海へ流れ出た物は、海流に乗って移動し、国境のない旅に出ます。それが瓶詰の手紙であれば素敵なことですが、実際にはプラスチックを主体とする大量の廃棄物であるという現状があります。

海洋ごみの集まりやすい海域

世界各地から、海へ流れ出したプラスチックごみは、海洋中をどのように漂流することになるのでしょうか。

これまでの調査で、海流によって運ばれる漂流物が、最終的に集まりやすい5か所の海域があることが知られています。その中でも特に、北太平洋に位置するカリフォルニア沖からハワイにわたる海域は、「太平洋ごみベルト」などと呼ばれ、深刻化が進んでいます。

漂流物が集まりやすい海域をつくる要因の1つは、海面から水深1,000メートルほどの間で起こっている海の流れです。長い時間をかけて、ゆっくりと大きな円を描くように循環する流れが、いくつか存在します。

この循環は、偏西風や貿易風といった強い風の影響に地球の自転の効果が加わり、生み出されている動きです。この循環の中心に向かって、ごみが集まりやすいことが予測されています。

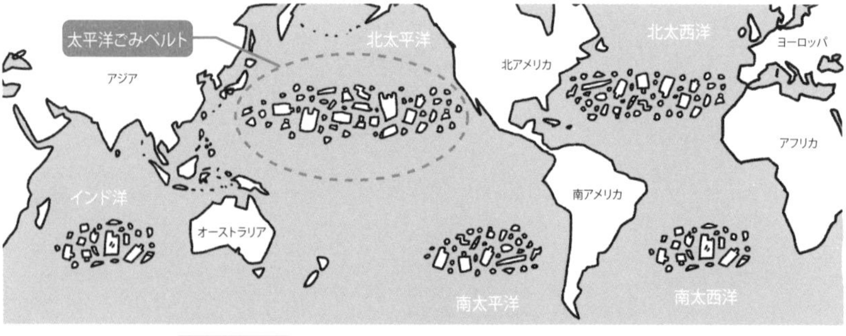

図 3.16 漂流ごみの集まりやすい５つの海域

99%は行方がわからない「消えたプラスチック」

海洋へ流出したプラスチックごみのすべてが、このごみベルトに運ばれ、浮いて漂っているのであれば、回収対策を立てることができ、未来予測も単純なものとなるでしょう。ですが、どうもそのようにはいかない事情があります。

これまでに海洋へ流れ出し、現在も海中にあると考えられるプラスチックは約1億5千万トンにのぼると推定されています。ですが観測上では、そのわずか1%のプラスチックしか確認できておらず、残り99%は「消えたプラスチック」として、その消息を追跡することが課題の1つとされているのです。

可能性の1つは、観測網にかかっていない海域での漂流や、海底に沈むプラスチックが数多く存在するということです。特に瀬戸内海での調査結果のように、海底に沈むプラスチックが一定量存在することは明らかです。しかし、深海も含めた世界規模での全貌は明らかとなっていません。

図3.17 有人潜水調査船「しんかい6500」が撮影した駿河湾の海底

駿河湾（静岡県）は水深2,500mで日本一深い湾
資料提供：国立研究開発法人海洋研究開発機構（JAMSTEC）「深海デブリデータベース」

また一方で、劣化したプラスチックが、細かいマイクロプラスチック、ナノプラスチックとなり、この観測網から漏れているのではないかという考えがあります。古くは1950年代から蓄積しているはずのプラスチックごみです。回収されないまま、劣化、細片化し、海中を漂っていることは想像に難くありません。

マイクロプラスチックの移動をシミュレートする

その解明の第一歩として、現在観測されるマイクロプラスチックの海洋での動きを把握するとともに、今後流れ出したプラスチックがたどる未来を予測する研究も進められています。

九州大学の磯辺篤彦教授らの研究チームは、マイクロプラスチックの海洋での動きを示すコンピュータシミュレーションの作成にも力を注いでいます。そして、プラスチックの生産が盛んに行われるようになった1957年から2066年までの、太平洋全域にわたる「マイクロプラスチックの分布の予測シミュレーション」を公開しました。

シミュレーションの構築には、プラスチックの漂流に影響を与えるさまざまな要因を合わせて考える必要があります。つまり、どのくらいの量のプラスチックがどの地域から流れ出しているかという「発生」のデータ、それらを運ぶ「海水の動き」、そして海底に沈んでいくなどして漂流状態から抜け出し、一見消えていくかのように見えるプラスチックの「消失の予測」を合わせて組み立てていきます。

発生量は、先に紹介したアメリカの研究チームによるデータを基礎とし、あわせてプラスチックの生産と使用量は、経済成長にともない増加してきたことに基づき、世界各地のGDP（国内総生産）の推移が指標として用いられています。

プラスチックを運ぶ海水の動きは、先に紹介した海の緩やかな循環に、ストークス・ドリフトの影響を加え、日々の海流を作成しました。

そして、一見すると消えてなくなったかに見えるプラスチックは、過去から現在に至るまでに流れ出しているにも関わらず、観測されていないプラスチックの量から、消失まで（消えたように見えるまで）にかかる仮の年数を導き、シミュレーションに反映しました。

このシミュレーションの一部を抜き出したものが図3.18です。

この結果は、微細なプラスチック片の動きをたどるはじめての報告となりました。

プラスチックごみの行方を把握する難しさ

「地球上で未踏の地、フロンティアが残されているとすると、それは深海だ」という話を聞きます。プラスチック廃棄物が最終的にたどり着く場所が海洋であれば、深海を含めたそれらの動きを解明することが、いかに困難か物語っているように思います。

さらにプラスチックは、海洋において効率的に細片化することも分かってきました。プラスチックはどんなに小さくなってもプラスチックであり続けることに触れましたが、では、どこまで小さく砕けうるのか……その点も、未だブラックボックスとなっています。

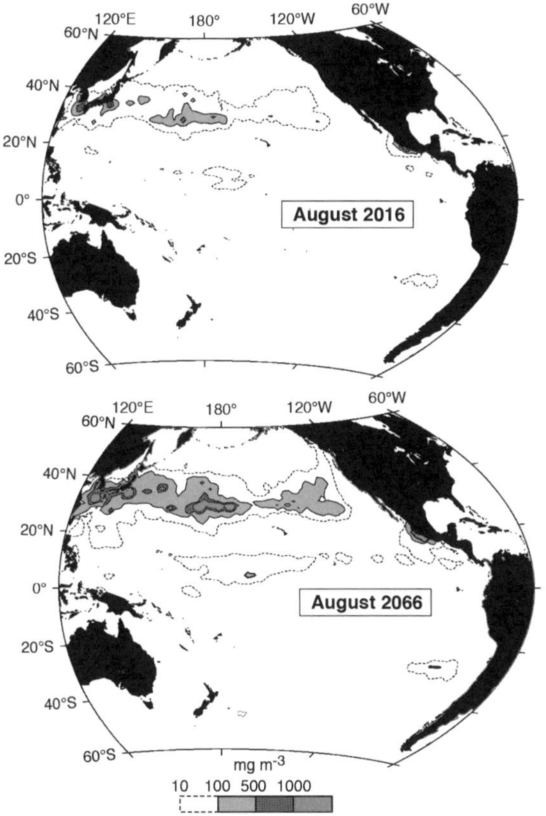

図 3.18 マイクロプラスチックの分布の予測シミュレーション

2016年8月と2066年8月のデータ

出典：Atsuhiko Isobe et al., "Abundance of non-conservative microplastics in the upper ocean from 1957 to 2066" (2019).

3-7 海洋生物とプラスチックごみ問題

海へ流れ出し、蓄積したプラスチックごみは、環境や生き物にも影響をおよぼします。このことはすでに、1960年代から、一部の研究者の間で注目されてきました。近年になり、私たちが広くこの問題を知るきっかけとなったのも、プラスチックごみが、海洋生物の命を脅かしているという数々の報告ではないでしょうか。

海洋生物のプラスチックごみの誤食

ここで、海鳥の消化管から見つかったプラスチックのかけらの話に戻りましょう。

海に流れ出たプラスチックごみが、海洋の生物と接触する機会が増えています。ウミガメやアザラシの体にプラスチックが絡みついたり、突き刺さったりし、命を脅かしているという映像や写真を見たことのある人も多いことでしょう。海を漂い、海岸に散らばるプラスチックごみが、海洋生物にとって物理的な脅威となることは、それらの証拠によって、誰の目にも明らかとなってきました。プラスチックの誤食による体力の消耗が死因とみられる海鳥の死骸も見つかっています。

しかし、海鳥の胃の内容物を調べると、食べ物を効率的に消化するために、木の実や軽石など、あえて硬いものを飲み込んでいると考えられるケースもあります。その程度の取り込みであれば、プラスチックも命取りになる可能性は低いものと思われ、プラスチックと死因との因果関係は、慎重に調査しなければなりません。一見プラスチックが原因のように見えるものでも、プラスチックの誤食が死因であることを科学的に断定することは、困難とされる場合が多いことも確かです。

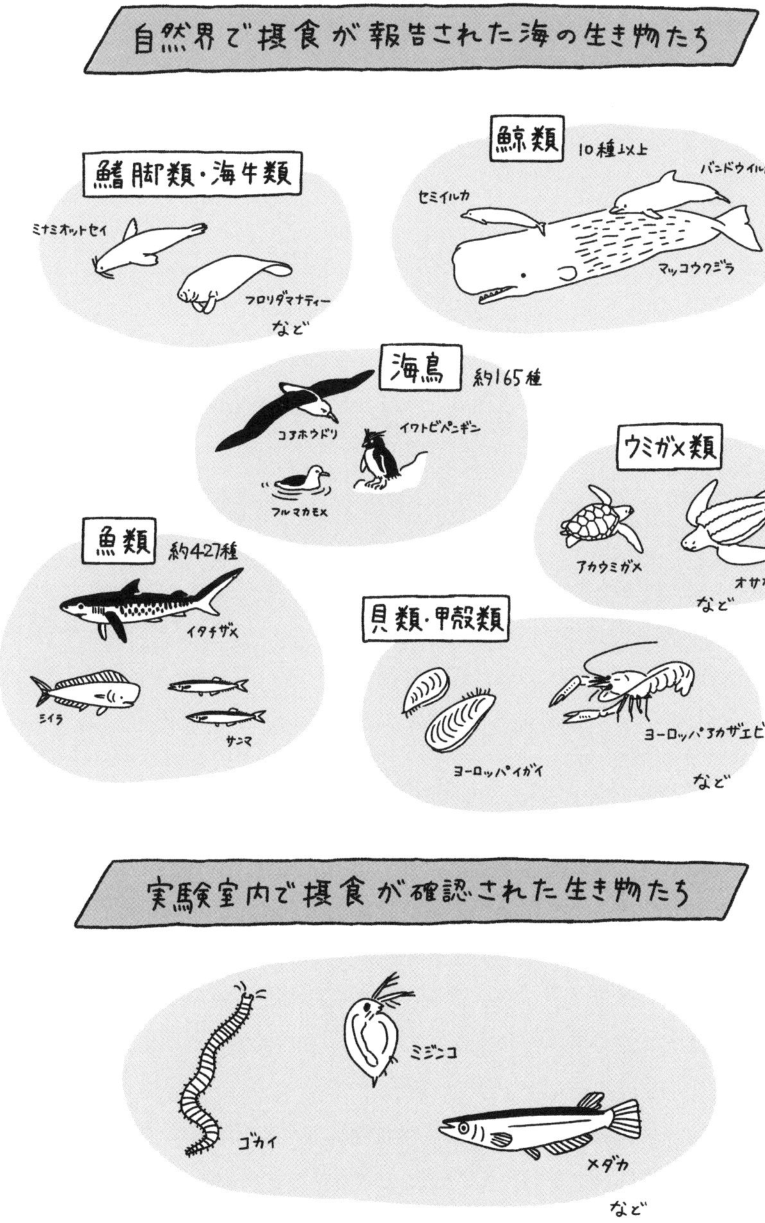

図3.19 プラスチックを摂取する生き物たち

マイクロプラスチックの生物への影響

では、誤食しても糞として排泄されるほど、小さなプラスチック片は、無視してもよい存在なのでしょうか？　実はそうとも限りません。

現在、マイクロプラスチックの海洋動態を解明する研究とともに、生物への影響を調べる研究も盛んに行われています。なぜかというと、マイクロプラスチックには、含まれる化学物質が海水中へ溶け出したり、逆に海水から化学物質を吸着する性質があります。これが、生物にとっても脅威となる可能性を持っているからです。

化学物質を運ぶマイクロプラスチック

プラスチック製品は、使用する場面に適した特性を出すために添加剤を混ぜてつくられます。たとえば、燃えにくくするための難燃剤や、製品の寿命を延ばすための酸化防止剤、着色剤や防カビ剤など、さまざまな目的で複数の添加剤が存在します。

海で劣化し、小さく砕けたマイクロプラスチックには、これらの添加剤が残留しているものが多く、同時に一部が海水中に溶け出しているといいます。

さらにそれとは逆に、マイクロプラスチックには、周辺の海水から、残留性有機汚染物質（POPs：Persistent Organic Pollutants）を吸着するという性質もあることがわかってきました。海水中には、水に溶けにくく、油に溶けやすい疎水性のPOPsが存在します。これらは、海水よりも親和性の高いプラスチックに吸い寄せられます。そして、このPOPsの吸着は、特にマイクロプラスチックで起こりやすいといわれています。

製品の形を残したマクロプラスチックに比べ、細かく砕けたマイクロプラスチックは、海水にさらされる表面積が大きくなります。海水に触れる面積が大きければ大きいほど、POPsを吸着する速度も速くなっていきます。その結果、マイクロプラスチック1グラムには、海水中の10万から100万倍の濃度にあたるPOPsが含まれる場合があることも明らかになっています。

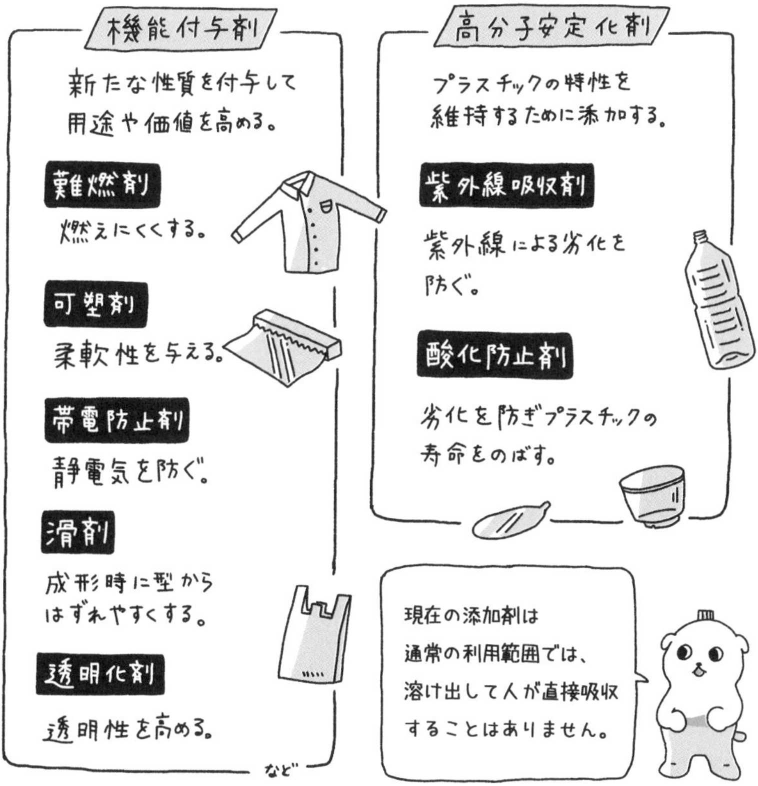

図 3.20 プラスチックの代表的な添加剤

このように、添加された化学物質を溶かし出し、またほかの化学物質を吸着しながら漂流するマイクロプラスチックは、「化学物質の運び屋」としても注目されているのです。そして、運ばれる化学物質もろとも、さまざまな生物が体内に取り込む可能性が示唆されています。

マイクロプラスチックを取り込む生物

マイクロプラスチックやナノプラスチックという微細なプラスチックを体内へ取り込む生物種の研究も、数多く進められています。

1962年、海鳥による取り込みが報告されたことを皮切りに、ほとんどすべての海鳥、クジラ類やウミガメ類、魚類などでの取り込みが報告されてきました。

小さいものでは、ヨーロッパイガイやマガキといった貝類、ヨーロッパアカザエビやオキアミなどの甲殻類でも取り込みが確認されています。こうした小さな生物の取り込みは、肉眼での観察が難しく、体内から排出される時間も短いと考えられるため、見過ごされやすい可能性も大いにあります。

現在は、ゴカイやミジンコ、植物プランクトンといったさらに小さな生物でのマイクロプラスチックの取り込みと、そこに含まれる化学物質の影響を、実験的に検証した結果も報告されはじめています。

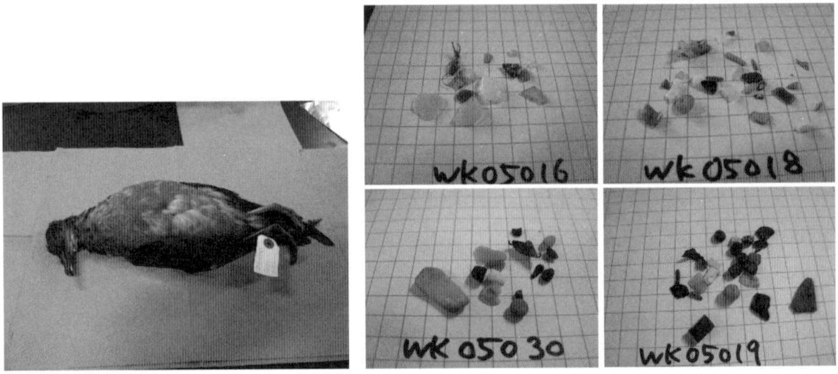

図 3.21　海鳥の死骸と誤食されたプラスチック片（4 羽分）

資料提供：高田秀重教授（東京農工大学農学部環境資源科学科）

化学物質の生物への影響

プラスチックを介して、体内に取り込まれた化学物質は、生物にどのような影響を与えるのでしょうか。

東京農工大学の高田秀重教授らの研究チームは、生物に取り込まれたプラスチック片と、そこに含まれる化学物質の体内移行や作用について、研究を進めています。

実験からは、プラスチック片とともに海鳥に取り込まれた残留性有機汚染物質（POPs）は、胃液の脂っぽい成分と反応することで溶け出し、腸で吸収されたあと、肝臓や脂肪組織に蓄積することが明らかとなりました。高田教授によると、このような蓄積は、自然界でも起っていることが報告され、海鳥で血液検査の異常が見られる例など、生物への影響も観測されはじめているといいます。

また、小さな生物が取り込んだプラスチックは、それらの生物を餌にする生物へ、プラスチックとそれに含まれる化学物質を伝達します。

化学物質が一部の臓器に蓄積する傾向があれば、微生物から魚類、哺乳類へと続く食物連鎖の中で、体内に蓄積する化学物質の濃度が、どんどん高くなっていくこと（生物濃縮）が懸念されます。

これらの課題は、プラスチックはどこまで小さくなってもプラスチックであるという特徴をよく反映しています。便利で役立つプラスチックを悪者にしないためにも、長い年月をかけたプラスチックの変化について、手を離れたそのあとのことにも、注目していきたいものです。

微細なプラスチックの意外な発生源にも注目を

ここまでのお話で、小さなプラスチック片は、成形加工品が砕けてできるということを紹介してきました。これに加え、さらに意外なところにも、マイクロプラスチックやナノプラスチックの発生源があることがわかっています。

1つは、化学繊維でできた衣類です。これらを洗濯すると、その排水の中には、目に見えるサイズから見えないサイズの繊維（プラスチック）が、排水中に流れ出します。また、洗顔料などの中には、汚れを除去する役割で、ポリエチレンやポリプロピレンでできた0.5ミリメートル以下の「マイクロビーズ」という粒子が配合されていることがあります。これも同じく、洗浄後の排水に混ざって流れ出すことになります。

排水に混じって流れ出た微細なプラスチックは、下水処理の過程で、完全には取り除けず、海や河川に放流されるものも多いと考えられています。さらに、自動車などのタイヤが、走行中に少しずつすり減ることも、微細なプラスチック（ゴム）の排出にあたるなど、プラスチックの環境中への流出を把握するためには、多様な視点が必要とされています。

このように、元もと微細な状態で排出されるプラスチックも存在し、環境と生物への影響が注視されています。

図 3.22 化学物質の生物濃縮

column

コラム

自然科学のフロンティア、マイクロプラスチックの行方を追う

九州大学　応用力学研究所　磯辺篤彦教授

●海洋を浮遊するマイクロプラスチックの追跡

浮いて運ばれ、細かくなり、なくなることのないプラスチック。このプラスチックと自然環境との関わりは、46億年の地球史の中でも、この70年の間にはじまったばかりです。

「海は、プラスチックをどんどん細かくするしくみを持っているかのように見えます。今まで存在しなかったプラスチックという物質を、地球システムはどう処理していくのか、とても興味を持って研究しています」

こう話すのは、本章で紹介した「マイクロプラスチックの海洋動態」を研究する、九州大学 応用力学研究所の磯辺篤彦さんです。

海へ流れ出たプラスチック漂流物は、ストークス・ドリフトと呼ばれる波の動きにより、海岸に打ち寄せられやすい性質を持ちます。5ミリメートル以上の大きさのプラスチック片が、特にこの波の動きに乗りやすく、海岸へ向かう傾向があります。これらは岸に打ち上げられ、紫外線を浴び、砂と波にもまれるうちにさらに細かくなり、5ミリメートル以下のマイクロプラスチックへと変わっていきます。再び波にさらわれたマイクロプラスチックは、海水の浮力と摩擦力の影響で岸から離れ、今度は沖合へと流れ出やすくなります（p.77参照）。海はプラスチックを細かくし、拡散する方向へ働く一面を見せていますが、拡散したマイクロプラスチックの行方は、いまだ完全には解明されていません。

磯辺篤彦教授

2019年1月、磯辺さんらの研究チームは、このしくみの解明の第一歩となる研究成果を発表しました。沖合へ流れ出たマイクロプラスチックが、海洋をどのように浮遊し、増減するのか再現するとともに、未来を予測するコンピュータシミュレーションです。

シミュレーションにより、日本周辺や北太平洋の中央部で、夏に浮遊量が多くなることがわかりました。さらに、プラスチックの海洋流出がこのまま増え続けると、これらの海域では、2030年までに浮遊量が現在の約2倍となり、2060年までには約4倍となることが示されました。

また磯辺さんは、「2066年には、実験室で懸念される現象が起こっているのと同じレベルまで、マイクロプラスチックが増加する場所がいくつも出てきます」と説明します。

マイクロプラスチックの海洋動態と並行して調べられているのが、生物への影響です。体内へ取り込みうる生物種や、取り込んだ場合の影響が、多くの場合、実験室内で調べられています。予め用意されたマイクロからナノメートルサイズのプラスチックが、濃密に浮遊する人工の環境で、さまざまな生物を飼育し、摂取させることによる研究です。その結果、メダカやミジンコ、プランクトンなど、多くの生物が微細なプラスチック片を取り込むことがわかり、活動の低下や、肝臓障害などを示す生物も観察されています。

●マイクロプラスチックの観測課題

プラスチックの「生物への影響」と「海洋動態」の両研究は、合わせて考えることが重要です。実験により、生物への影響が確認された場合でも、実際の海のマイクロプラスチック量が、それと同等にならなければ、心配は早合点に終わってしまいます。ですがシミュレーションでは、わずか40年先に、その可能性が示されています。

ここで磯辺さんは、このシミュレーション結果の読み解きにも、注意が必要だといいます。シミュレーションは、過去から現在に至るさまざまな観測データに基づき、構築されています。実際に海に出て、マイクロプラスチックを採取し、測定した浮遊量もデータとして使われています。浮遊量の測定には、ニューストンネットと呼ばれるプランクトン採取用ネットを使います。ネットを船で一定距離けん引し、浮遊物を採取していきます。その中からマイクロプラスチックを取り出し、その量とけん引した距離から、浮遊量の「重量濃度」を算出します。重量濃度とは、1立方メートルあたりに存在する重量（kg/m^3）を示す単位ですが、課題の1つはここにあります。

マイクロプラスチック採取の様子とニューストンネット

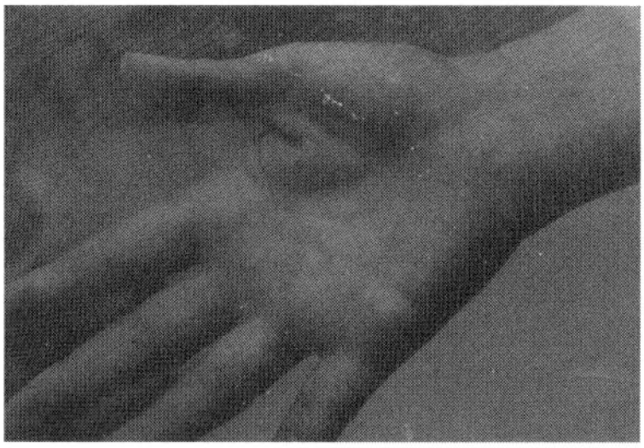

ニューストンネットは、小さなプランクトンを捕えることができる、とても目の細かいネットですが、0.3ミリメートル以下の物質はすり抜けてしまいます。さらに、ネットの開口部は、水深1メートルまでしか到達しません。つまり現在のシミュレーションは、水深1メートルの範囲に浮遊する0.3ミリメートル以上のマイクロプラスチックに限ったデータに基づくことになります。

生物への影響を調べる研究では、0.3ミリメートル以下のプラスチック片も使われています。40年後には、実験室の人工的な環境と、海洋の浮遊量が同等になることが示されていますが、それは、重量濃度で考えた場合の話で、プラスチックの「サイズ」の違いは加味されていません。実験室と海洋の環境を正確に対比するには、プラスチック片のサイズ別の浮遊量とその動態を明らかにすること、そのために、0.3ミリメートル以下の極微細な破片を採取し、測定する方法を確立する必要があります。

●行方しれずのマイクロプラスチック

さらに、磯辺さんが「消えたプラスチック」と呼ぶ謎も存在します。

大海原に出れば、これまでに流出したプラスチックが、辺り一面に観測できる風景をイメージする人も多いでしょう。ですが実際には、99%は行方知れずで、観測できるのは、わずか1%に過ぎないというのです。

「自然環境下で、プラスチックはどこまで小さくなれるのか、それすらまだわかっていません。海面に浮いて観測できるものは、1%から多くとも10%です。地球は、どこにプラスチックを送っているのか、それを解明しなくてはいけません」と磯辺さんはいいます。

海洋へ流れ出たプラスチックは、浮遊し続けるものもあれば、海底に沈むものもあります。表面に微生物が付着するなどし、比重が重くなった微細片が沈殿し、海底の泥と一体化して存在することも想像されます。自然界でプラスチックはどのようにふるまうのか、自然はどのようにそれを受け止め、処理するのか、地球システムとプラスチックの関係という新たな視点も生まれつつあります。

磯辺さんらが、マイクロプラスチックの存在に着目し、その海洋動態という視点で、研究成果の発表をはじめたのが、2014年。それまでの海洋学にはなかった分野にも関わらず、この年、同時に世界中から多数の論文が出されました。申し合わせたわけでもなく、同じタイミングで関心を持った研究者の多さを実感し、研究の必然性が感じ取られたといいます。

地球の長い歴史の中では、プラスチックと人、そして自然の関わりははじまったばかりです。マイクロプラスチックの存在は、環境問題と捉えられる一方で、自然科学の直面した新たなフロンティアでもあるのです。

研究室での分析の様子

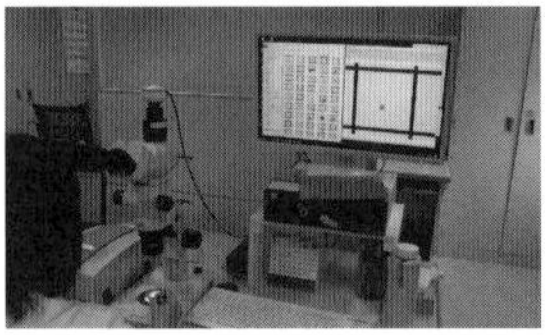

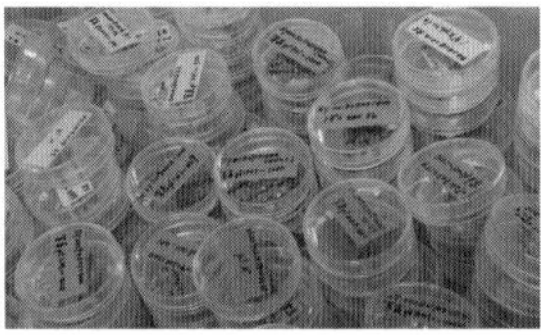

採取物を1つひとつ確認、分析します。その結果、膨大なサンプルが蓄積されていきます。

第4章

プラスチックと上手に付き合う

海洋のマイクロプラスチックは、1900年代半ばから少しずつ形成され、増加、拡散してきたものであると考えられます。その存在を注視してきた研究者も少なからずいますが、広く私たちが認識するようになったのは、この1、2年といったところではないでしょうか。

「今と同じようにプラスチックの消費と廃棄が続けられれば、海洋のプラスチックごみの総重量が、2050年には海洋生物の総重量を超える」という試算に対し、私たちにできることは何でしょうか。

本章では、プラスチックと上手に付き合うためのヒントから、プラスチック廃棄物の課題と向き合う活動まで、私たちにも関わりがあり、取り入れられるものを紹介していきます。

4-1 3R+2の考え方とは?

プラスチックと上手に付き合うための基本的な考え方に、3つの「R」があります。さらに最近では、3つでは足りず、4つ目、5つ目のRがあるという考え方も示されています。これはどういうことでしょうか？それぞれのRの意味を紹介します。

プラスチック製品と向き合う

プラスチックは、いつでも手軽で便利に使うことができます。これは使う側からすると最大のメリットにほかなりません。

ところが、プラスチックと環境を話題にした座談会で、長年プラスチック包装の開発に携わってきた技術者が、「ここまでかんたんに使い捨てされるものになろうとは……」と、残念そうに漏らしたという話が思い出されます。

プラスチック包装の普及は、暮らしに確かな変化をもたらしました。たとえば、30年ほど前の菓子類の包装を思い出すと、紙包みのものも多く、現在のように中身が個包装されているものは、ほとんど見かけませんでした。一度開封した食品は湿気やすく、早く食べなければ味を損なうばかりか傷んでしまいます。封があまく、家族から大目玉を食らうようなこともしばしば……新しい食品を開封することは、重大責任をともなうような感覚があった時代でした。

湿気やすい食品は、使い切りの個包装がスタンダードとなり、そんな心配もいつの間にか少なくなりました。これは小さな変化かもしれませんが、面倒な管理を要するものから、手間をかける必要のないものへ、食品に対する意識を確実に変える要素となりました。

こうして考えると、日々少しずつ、たいていは便利に変化していくものに対して、あらためて顧みる機会も、感謝を抱くこともほとんどないことに気づかされます。

冒頭で紹介した技術者の一言は、このような消費者の意識に対しての投げかけでもあり、結果として生まれた、プラスチック廃棄物の課題への苦い想いを含むものなのではないでしょうか。

とはいえ、プラスチック包装は、便利さだけでなく、保存性の良さや衛生面の向上にも貢献しており、単になくせばよい、昔のように紙に戻せばよい、というのはやや性急な話です。大切なのは、プラスチックの長所を生かし、無駄づかいをせずに、長くうまく付き合っていくことといえるでしょう。

3R+αの取り組み

そこでまず、プラスチックにまつわる「3R」を紹介します。3つのRとは、それぞれ何を意味するのでしょうか。

3つのRはそれぞれ、Reduce（削減）、Reuse（再使用）、Recycle（リサイクル）にあたり、プラスチック製品との付き合い方の指針を示しています。ここに2019年、循環型社会の構築を目指す国の戦略として、4つ目のRである、Renewable（再生可能資源への代替）が加わり、4本柱となりました。

これらはプラスチックのみでなく、限りある資源との付き合い方の指針として、どれにでも当てはまるものであるとも考えられます。そこへきて近年、プラスチックにおいては、マイクロプラスチックという新たな存在が認識されはじめました。

マイクロプラスチックは、そのライフサイクルの全容や、環境中でのふるまいについて、わかっていないことが多く、実態を掴む研究データが急ピッチで必要とされるようになりました。これを受けて、5つ目のRである、Research（研究）を加えた5Rの指針を出す大学なども出てきています。

プラスチックと付き合うために、さまざまな立場から多角的なアプローチが必要とされていることが、Rの数からもうかがえてきます。

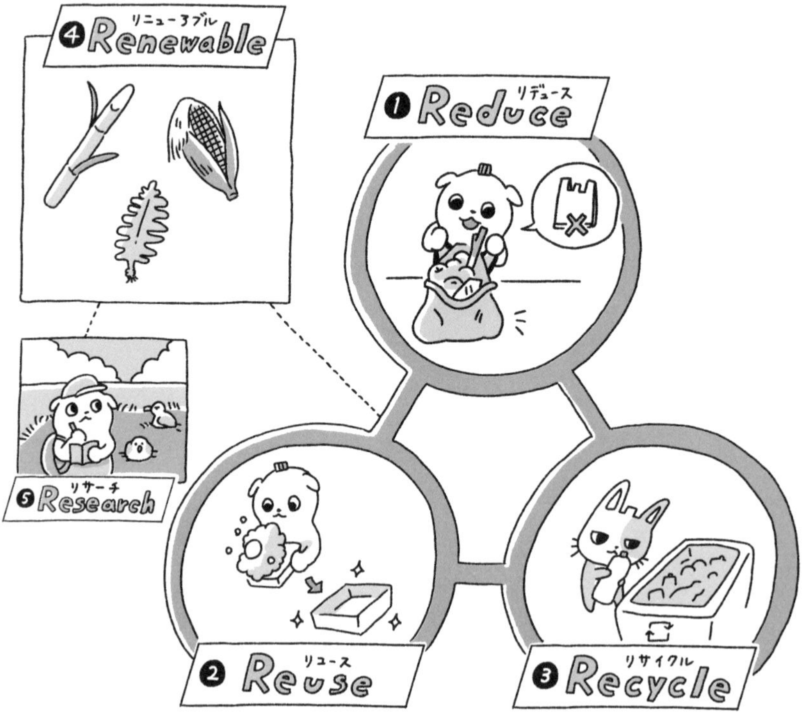

図 4.1 プラスチックと5つの「R」

4-2 3Rの実践「選ぶ・使う」

たくさんの「R」が求められるプラスチックですが、私たちが日常的に取り組むことができるのは、やはり最初の3Rです。中でもReduce（使用の削減）の実践は、プラスチックに代わる製品の利用など、個人でかんたんに取り組めるものも多くあります。手はじめに、プラスチックに代わる代表的な製品を、それらにまつわるトピックスも交えて紹介していきます。

くり返し使える「ストロー」

ワンウェイプラスチック削減の話題の火付け役となったのは、コーヒーショップのストローでした。このストローの代替素材として、錆びる心配のないステンレスや天然の竹などが使われています。

ゼリーなどの固形物が入ったドリンクにも使える太いサイズなど、バラエティ豊かなところは、見た目の楽しさも兼ね備えています。洗って使うための洗浄ブラシも用意されるなど、携帯することで、話題性も生まれる代替製品です。

図 4.2 ステンレスストロー

くり返し使うこと

くり返し使うということについて、少し立ち止まって考えてみましょう。

ストローのみならず容器類も含め、洗いながらくり返し使うというときは、捨てて燃やすことと、洗うことのどちらが環境負荷を抑えられるかを、同時に考える必要が生まれます。

捨てないということが無条件によいことと考えられがちですが、そうともいい切れない場合があります。洗浄する際に用いる洗剤等の汚水の排出は、少なからず水系の環境負荷につながります。洗って再利用を考えるときには、汚れはあらかじめぬぐい取る、必要以上の洗剤を使用しないなど、汚水を削減する工夫も同時に考える必要があります。

衛生にも配慮した「マイボトル & 乾燥スティック」

よく見かけるドリンクボトルにも、さまざまなアイデアが生まれています。

図 4.3 マイボトル & 乾燥スティック

こちらも洗ってくり返し使うわけですが、洗浄後、ボトルの内部を速乾させるアイテムなども販売され、快適に使うための工夫が増えています。

くり返し利用する製品を取り入れる際、衛生的に使えるかどうかが気になることも多いものです。衛生的かつ快適に使用するための補助製品が、日進月歩で開発され、市場を拡大しているところも、注目に値します。

ボトル自体もいつか廃棄物になることを考えて、パッキン以外はステンレスや木材で仕上げるなど、工夫がうかがえるものもあります。

多彩な用途の「シリコーンバッグ」

汎用プラスチックとよく似た質感を持つシリコーンゴムは、汎用プラスチック同等の用途に広く活用できる素材で、柔らかさと弾力を持つのが特徴です。また、シリコーンゴムには、優れた耐熱性と耐候性があり、その点では汎用プラスチックに勝っているといえます。

図4.4 シリコーンバッグ（stasher）

食品容器として販売されているもので、耐熱温度は250℃、低温は−18℃まで対応することができるため、電子レンジでの加熱から冷凍保存まで使用できます。煮沸が可能という点では、衛生面にも利点があり、あらゆる場面で活用が期待できる素材です。

シリコーンの特徴

「シリコーン」製品について、もう少し詳しく紹介します。

シリコンのことをシリコーンと呼ぶ人もいるのかな？ と思った人もいることでしょう。実は双方は全く別のものを指しています。耳にすることが多い「シリコン（silicon）」ですが、これは元素の1つであるケイ素（Si）の英名にあたります。

対して「シリコーン（silicone）」は、このケイ素を構成元素として含んだ、人工の有機化合物を指します。

ケイ素は、地球の地殻中に大量に存在する元素ですが、自然界では多くが酸化物であるケイ石（SiO_2）として存在しています。ケイ素は、このケイ石を還元し、O_2を取り除くことで、金属ケイ素（Si）として得ることができます。

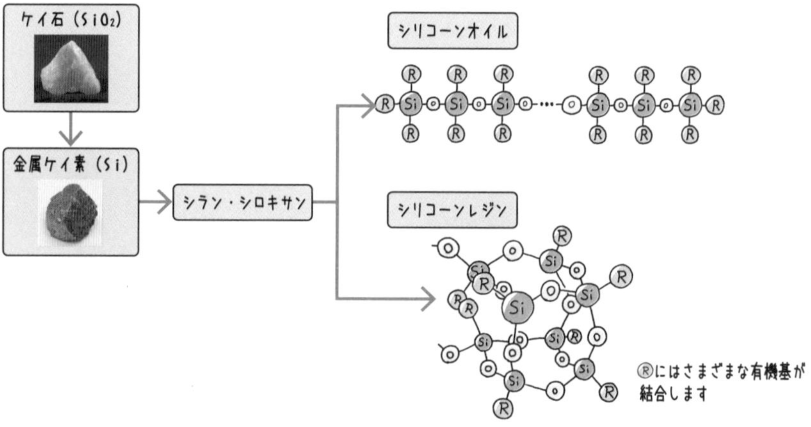

図4.5 シリコンとシリコーン

シリコーンは、ケイ素と酸素のシロキサン結合（−Si−O−Si−）がくり返された骨格に、メチル基（$-CH_3$）などの有機基が付いた構造をしています。そして、汎用プラスチックとの耐熱性や耐候性の違いは、このシロキサン結合が生み出しています。プラスチックの骨格は炭素同士が結合したものですが、この結合力に対してシロキサン結合は、1.25から1.6倍の強度を持っています。

また、くり返し構造といえばプラスチックですが、重合や架橋といった構造が、高分子化合物を形づくることをお話ししました。これはシリコーンについても同じです。シリコーンは、重合度の違いや架橋構造の有無によって、レジン（樹脂）やゴム、オイルと、さまざまにつくりわけることができます。

シリコーンはまた、安全性の面でも注目される素材です。シロキサン結合やケイ素にメチル基（$-CH_3$）が付いた、シリコーンの基本的な分子構造には、生理的に不活性であるという特性があります。

化学物質には、体にとって異物というだけでなく、代謝など生体の調節機能に有害な作用を及ぼすものがあります。内分泌かく乱物質や、環境ホルモンなどと呼ばれるものもそれにあたりますが、生理的に不活性な物質には、そのような作用がありません。

このような性質は、生体適合性も高めるため、シリコーンは医療用器具や、人体に埋め込む素材としても活用されています。

ただしシリコーンも、天然には存在しない合成高分子からなる素材です。丈夫な利点を生かし、できるだけ長く利用したあとは、適切な処分やリサイクルを考えていかなければなりません。

包むことを楽しむ「ミツロウラップ & シリコーンラップ」

日頃、手軽に利用するラップですが、ミツロウラップやシリコーンラップという選択肢があります。

図 4.6　ミツロウラップ（左）／シリコーンラップ（右）

口に入っても問題のないミツロウを浸透させたミツロウラップは、容器のふたとしてはもちろん、含まれる油分である程度の水分の透過を防ぎ、食品を直接包むことも可能です。はじめはパリッとした質感ですが、手の体温で徐々に柔らかくなり、包みたいものに馴染ませていきます。包むというひと手間を楽しむということかもしれません。

バッグでも紹介したシリコーンは、その柔らかさと弾力を活かし、容器の大きさと形に合わせ密閉することができるため、ラップの代用としても活用できます。ミツロウラップは熱でロウが溶け出してしまうため、耐熱性は有しませんが、シリコーンであれば、レンジから冷凍庫まで使用することができます。

ミツロウの活用について

ミツロウは、ハチが巣をつくるために蝋腺《ろうせん》という器官から分泌する物質です。蜂の巣の中を仕切る六角形の小部屋は、このミツロウをパテのように塗り固めてつくります。ミツロウには防水性があり、貯蜜用の部屋を密閉することができるほか、病原体に対する抵抗性も備えているため、自然界のハチの営みの中で大いに活躍しています。

このようなミツロウは、キャンドルやスキンケア用品の材料としても用いられ、汎用性のある天然素材です。

ミツバチは、家畜化された数少ない昆虫の1つで、ハチミツやミツロウなど多くの天然資源をもたらしてくれます。

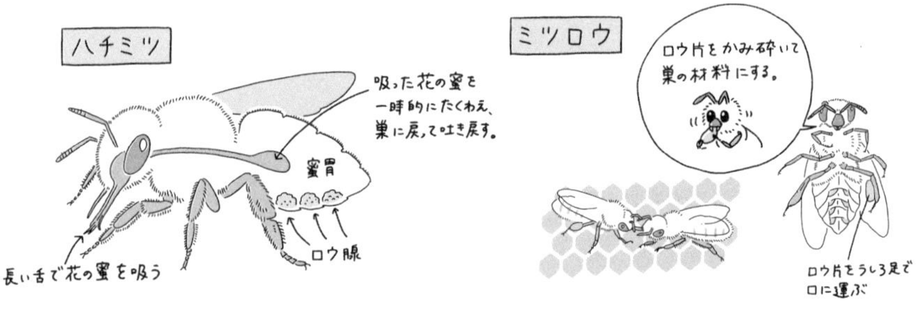

図 4.7 ミツバチによるハチミツとミツロウの分泌

植物由来の「セルローススポンジ」

天然素材のセルロースの活用例も多数あります。セルロースは、植物の細胞壁や繊維の主成分となる天然の高分子で、炭水化物に分類されます。植物の大部分は繊維からできていますから、自然界にもっとも多く存在する炭水化物ということもでき、土に還すことのできる素材です。ちなみに、紙の原料であるパルプや、コットンなどもこのセルロースが主成分です。

図 4.8 セルロースのスポンジ

植物は材料の宝庫?

セルロースといえば、並べて注目しておきたい物質があります。

セルロースは、植物の構成成分として、ヘミセルロースやリグニンという物質と結合し、存在しています。このうちセルロースとヘミセルロースには、さまざまな用途があり、有効利用が進んでいます。

しかし残されるリグニンは、複雑な構造を持つことや単独で分離することの難しさから、精製の過程で副産物として取り除かれたのち、有効利用が進んでいない物質でした。農林業で生産される植物資源のうち、実に20〜30%はリグニンであるともいわれており、有効利用への活路を拓こうとする研究が、今なお進められています。

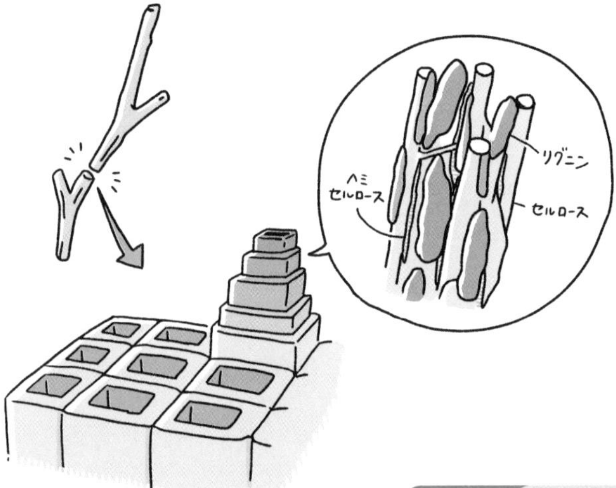

図 4.9 植物細胞壁の構造

またリグニンは、植物体の中でも、より強度が必要な細胞に形成される、二次細胞壁という構造に多く含まれることがわかっています。植物から燃料や物質を生産するとき、この細胞壁を処理するために、エネルギーや化学薬品が必要とされています。それらの使用をなるべく削減するという観点から、二次細胞壁を形成しない植物の研究なども進められています。

人が古くから利用している材料である植物ですが、まだ違う活用方法が生み出される可能性があるというのは、面白いところです。

二酸化炭素の排出を抑える「バイオマス歯ブラシ」

ブラシの柄に植物由来のポリ乳酸と竹繊維を、毛には豚毛を使用したユニークな歯ブラシも登場しています。ポリ乳酸はバイオマスを材料につくられ、生分解性を有する素材です（5章参照）。この特性により、歯ブラシとしてはじめて、「使用期限」が設けられた製品でもあります。

図 4.10 バイオマス歯ブラシ（FINE eco 41）

もともとは、化学物質にアレルギーを持つ人のためにつくられたものですが、プラスチック歯ブラシは、全世界で年間約36億本が廃棄されているといわれ、その代替品としても注目されるようになりました。

バイオマスとは?

この歯ブラシのように、環境科学やエコプロダクツの話の中で、「バイオマス」という言葉を耳にすることが多くなりました。バイオマスとは、石油や石炭などの化石燃料を除く、動植物由来で、持続的に再生可能な有機性の資源（炭素を含む物質）を指します。

この中には、米やサトウキビ、イモ類などのように栽培される「資源作物」、林業などで残った木材やわらなどの「未利用バイオマス」、生ごみや家畜の排せつ物などの「廃棄物系バイオマス」があります。

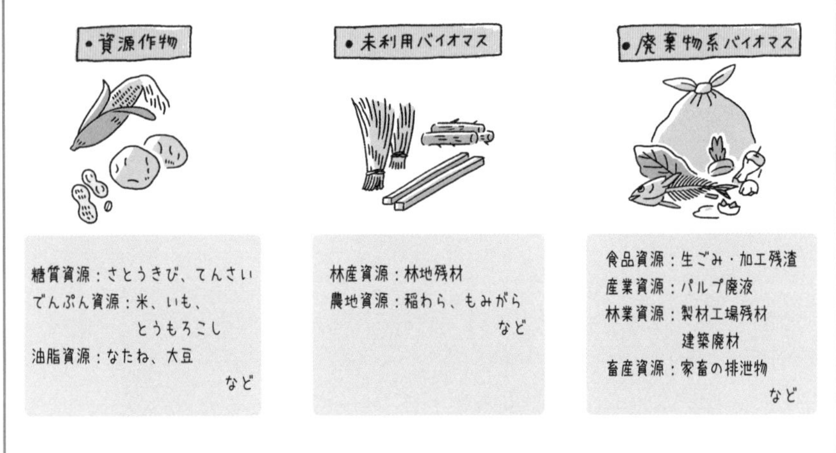

図 4.11 さまざまなバイオマス

これらバイオマスから得られたエネルギーは、バイオエネルギーやバイオマスエネルギーと呼ばれ、こちらも聞き馴染みがある用語ではないでしょうか。

現在主なエネルギーとして使われる石油や石炭などの化石燃料は、長い年月かけて蓄積、圧縮され、地下に固定されていた動植物由来の炭素の塊です。これを一気に燃焼させると、大量の二酸化炭素が発生します。

バイオマスを燃やしてエネルギーに変える場合も、二酸化炭素が発生しますが、このとき発生する二酸化炭素は、植物が成長のために数年から数十年のうちに取り入れた二酸化炭素に由来し（植物は光合成のために二酸化炭素を取り込み、酸素を排出します）、それ以上の量を発生させることはありません。バイオマスは、温室効果ガスである二酸化炭素の排出を抑えることで、エネルギー源としても注目されています。

また、歯ブラシのように、「プラスチックとして」利用される仕組みについては、5章でも詳しく紹介します。

消しくずが環境にやさしい「ラバー消しゴム」

多くの消しゴムの原材料に、プラスチックであるポリ塩化ビニル（PVC）が使われています。これに可塑剤などの添加剤と、粒子の細かい研磨剤を混ぜてつくられます。ですから少量ながら消しくずも、プラスチック廃棄物という見方ができます。

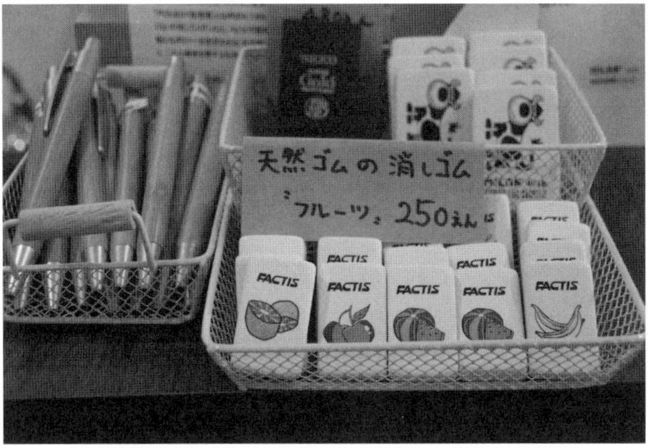

図 4.12 天然材料からつくられた消しゴム

これに対し、生ゴムを原料としたのがラバー消しゴムです。ラバー消しゴムは、生ゴムと加工しやすくするための添加剤、研磨剤を材料につくられています。

レジ袋削減に貢献する「エコバッグ」

定番のエコバッグは、無料で配布されることもあり、持て余しているという人も多いのではないでしょうか。

レジ袋の有料化に伴い、新調する人も多かったと思いますが、替えがきくバッグをあれこれ溜めてしまうよりも、これがなければ、という1つを見つけるのはいかがでしょうか。使い捨てにしないことがコンセプトでもあるように、長く使う相棒探しという視点を持つと楽しいかもしれませんね。

図 4.13 エコバッグいろいろ

プラスチックを選ぶ？　選ばない？

Reduce（使用の削減）の実践は、プラスチックでなくてもまかなえるものと、やはりプラスチックの必要があるものを、立ち止まって考えることでもあります。考え方に個人差があっても、「なぜ、どうして」自分はプラスチックを選ぶのか、または選ばないのかを見直す機会とすることが大切です。

私たちができる3Rの代表格であるReduceにつながるアイテムを、楽しみながら探してみてください。そして製品選びから生まれる、「なぜ、どうして、どういう意味？」という疑問もキャッチし、調べてみるというアクションにもつなげていきたいものです。

プラスチック容器を削減する「量り売り」

商品の流通面に着目すると、「量り売り」という販売方法も、Reduce（使用の削減）に貢献できる1つのしくみです。持参した容器で商品を購入すれば、流通の段階から包装、容器そのものを削減することができます。

実際に、ナッツやコーヒー、調味料などさまざまな食品、洗剤やシャンプーなどの日用品で量り売りが行われています。

量り売りはむしろ、旧来の流通方法ともいえますが、商品をパッケージで手に入れることがほとんどとなった今では、逆に新鮮と感じる販売、購入方法かもしれません。

ただしこの方法では、決まった商品を安定的に手に入れられるということが重要です。量り売りで購入をはじめた商品が、限られた機会でしか入手できないものとなると、継続利用ができず、結局は容器ごと無駄になってしまうということもあり得ます。

国内では、量り売りのしくみはまだまだ定着には及んでおらず、購入できる場所も限られています。事業者同士が、仕入れと販売のノウハウを提供し合うなど、市場を拡大する努力を行っていますが、今はまだ数少ない状況です。このような販売の場を見つけた際は、積極的に利用し、市場拡大の手助けをしていくことも、Reduceの一歩といえるかもしれません。

図 4.14 量り売りのクッキー（左上）・穀類（右上）・洗剤（左下）・茶葉（右下）

商品写真（p.109～121） 提供：ecostore papalagi（エコストアパパラギ　神奈川県藤沢市）

代替製品の課題

流通のしくみに着目すると、ほかにも課題があります。

たとえば、プラスチックに代わる素材であるシリコーン製品には、単一素材でつくられたものが多くあり、代替品としての人気も高まっています。プラスチックのリサイクルでもお話しした通り、単一の素材でできたものは、マテリアルリサイクルに適しています。何度もくり返し使うことができても、いつかは廃棄物となることを考えると、シリコーンでも同じく、回収とリサイクルのしくみを整えることが望ましくなります。

ですが今のところ、シリコーン製品の回収とリサイクルといった公的なしくみは、まだ生まれていません。販売店と生産者、消費者が協力し合い、独自に回収とリサイクルのルートをつくろうと試みられているケースもありますが、シリコーンの市場は大きいとはいえず、経済性の面からも、実現には時間がかかりそうです。

環境負荷の低い代替製品に切り替えを進めていくとき、それらのリサイクルのしくみの整備があらたな課題として浮上します。自治体などを巻き込んだ行政レベルの対応を行うのか、生産者が回収とリサイクルまでを担うのか……、バラエティ豊かな代替製品が生まれるほど、それらがうまく循環型社会に取り込まれていくよう、新たな努力も必要となっていきます。

4-3 3Rの実践「しくみを利用する」

プラスチックに代わる製品を選び、使用するというReduceを紹介してきましたが、何より「買わない」という選択肢も忘れてはならないところです。

他者と共有するシェアリングのしくみ

「もったいない」という日本独特の価値観が、海外ではユニークであると話題になったことがありましたが、日本でも使い捨ての文化が定着しているといわざるを得ません。まだ使い道のあるものでも、所有者にとって不要となれば、即廃棄物になるという物の使い方が、使い捨てや過剰な資源の投入につながっています。

そこで、シェアリングエコノミーや、シェアリングビジネスという言葉を聞いたことがあるでしょうか？ シェアリングとは、「共有する」という意味です。

物を個人で所有するのではなく、他者と共有することで、無駄なく最大限に活用しようというシェアシステムやビジネスが、現在注目を集めています。町中では、共用自転車が設置されているところをよく見かけるようになりました。タクシーにバス、そして自転車。移動手段に関わるシェアリングは、もっとも古くから、盛んに実用化されています。

それらに加えて、さらにシェアすることで無駄を減らし、有効活用できるものはないかを模索し、新たなシェアリング事業を起こそうとする動きが盛んになっています。

大量に廃棄される傘のシェアリング

たとえば傘です。日本では、年間に1億3,000万本が消費され、その過半数がビニール傘にあたるといわれています。使い捨てとまではいわないものの、気軽に購入し、廃棄してももったいないという感覚が薄いのが、傘ではないでしょうか。また、置忘れによる廃棄処分量も多く、使い捨て感覚が浸透していることがわかります。ところが傘は、アルミなど金属の骨組みと複数のプラスチック材料など、複合素材でできた製品であり、リサイクルどころか廃棄処分にもひと手間かかる厄介者でもあります。

そこで傘のシェアリング事業を開始したのが、株式会社Nature Innovation Groupです。「アイカサ」と名付けられたシェアリングシステムでは、公式アプリをダウンロードしたあと、シェアスポットに設置されたQRコードを読み取るだけで利用が開始できます。シェアスポットはアプリで一覧することができ、借りることができる手近な場所、返却できる場所を確認することができます。また、QRコードの管理により、運用者は傘の移動と配置の偏りなども確認できるしくみとなっています。

図 4.15 アイカサ設置スポットと利用イメージ

資料提供：Nature Innovation Group

さらにアイカサは、ビジネスモデルとしての工夫もユニークです。利用者から支払われる使用料のほか、傘に有料広告を掲載するなどのアイデアも取り入れられています。これが多くの個人（消費者）と、企業や事業者をつなぐ働きをし、さまざまなセクターの人びとを巻き込むしかけにもなっています。

多くの人が利用するようになった、スマートフォンやSNSのしくみを活かした､次世代のシェアリングビジネスのモデルとなる事例といえます。

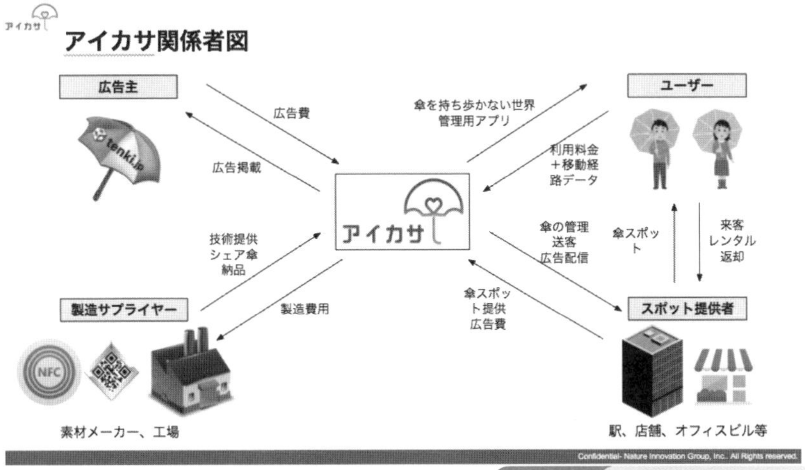

図 4.16 アイカサのしくみ

資料提供：Nature Innovation Group

バスやタクシーは、目的地まで到着すれば、片付けなどが一切不要なシェアリングであり、利便性を求める私たちのライフスタイルにマッチしたしくみといえます。そして料金や運賃は、便利さへの対価ともいうことができます。

この「便利で快適」という感覚は、今後さまざまな物のシェアリングを展開する中で、要になるといえるでしょう。シェアしたいと思ったとき、思った場所ですぐ実現できること、かゆい所に手が届く実感は重要です。それが達成できる規模までシェアを拡大し、広く浸透させていくことが課題になります。あるいは、使う人が無駄なく利用できる達成感や、シェアスポットを見つける楽しみという価値観を見出せることも、ブレークスルーのポイントとなっていくかもしれません。

またシェアリングシステムは、同じ物、同じ素材を大量に扱うという点から、リサイクルの高率化にもつながるという期待があります。

今後は、こうした「シェアリングの輪に参加する」という選択肢も、プラスチックの3Rに貢献する1つの手段になっていくことでしょう。

少し得するペットボトル回収のしくみ

次に、3Rの1つであるRecycle（リサイクル）に焦点を当てた、誰もが取り組める事例を紹介します。

ペットボトルの自動回収機

企業や自治体を運用母体として、「ペットボトル自動回収機」の設置が進んでいます。

自動販売機ほどの大きさの回収機に、ペットボトルを投入すると、素材や形をセンサーが感知し、回収に適した容器か自動で分別します。同時に、最大で8分の1の容積まで破砕するしくみが備わっているため、回収後の運搬にかかるコストと環境負荷を削減することができます。

リサイクルを環境負荷の削減という大前提の下で達成するためには、単に廃棄物が新たな製品に生まれ変わればよいというわけではありません。リサイクルを行う過程で発生する新たな資源の投入や、二酸化炭素の排出量が、リサイクルを行わない場合よりも抑えられるということが重要です。ですから回収と同時に減容積を行い、運搬の効率化を図ることも、リサイクルの上では大切なのです。

自動回収機で回収されたペットボトルは、国内の再資源化工場に運ばれ、均質なペレットやフレークに加工されます。そして再製品化工場に移され、再びペットボトルに加工されたり、シャツなどの繊維製品、そのほかのプラスチック製品となって、再び消費者の元に届けられます。

回収機は主に、スーパーマーケットやコンビニエンスストアの店頭に設置されていますが、現在見かけるものの多くは、ノルウェーで製造された回収機です。この点からも、欧州がリサイクルや環境志向の先進国であることがうかがえます。

図 4.17　ペットボトル自動回収機

資料提供：トムラ・ジャパン株式会社

国内で、このような回収機によるリサイクルシステムを円滑に運用するためには、運用する自治体や企業の負担が少なくなるしくみが必要です。リサイクルが本来の目的とは逆に、環境負荷とならないことが重要であるのと同じく、経済性の担保は、リサイクルにとっても大きな課題です。

欧州では、リサイクル対象の製品の価格に、あらかじめリサイクル経費を加算するなど、事業者と消費者への、責任を追及した販売方法が取られています。同時に、回収機などを通してリサイクルに参加すると、負担金の一部が返却されるデポジット制度が取り入れられています。

対して日本では、回収機を利用することで、買い物ポイントや交通系ICカードのポイントが付与され、消費者に利益が生じる仕組みとなっています。まずは、リサイクル指向の消費者を増やすことが目的といえますが、まだまだ消費者に有利な条件というところです。

「容器包装リサイクル法」では、ペットボトルとそのほかプラスチック製容器包装について、事業者には再商品化の義務、消費者には分別の義務が課されていますが、今後はさらに、販売すること、消費することへの責任が拡大していくことは間違いありません。

4-4 3Rの実践「参加する」

ここまでに紹介した、個人で取り組めるプラスチックの3Rのほかに、近年では、企業や行政が主導しながら、市民参加を求める活動も盛んになっています。

プラスチックごみ問題とSDGs

その背景には、循環型社会の構築を目指す国の戦略や、2030年までに達成すべき、国際社会共通の目標として掲げられた「持続可能な開発目標（SDGs）」の存在が大きく関わっています。これらに貢献することが、行政にも企業にも強く求められ、取り組みの活性化を後押ししています。

SDGsには、17の目標が設定されていますが、そのうち複数の目標が、プラスチックとの付き合い方ともつながっています。たとえば、目標12「つくる責任つかう責任」や目標14「海の豊かさを守ろう」は、これまでの話からもつながりが実感できる目標ではないでしょうか。

さらに、目標10「人や国の不平等をなくそう」なども、海外輸出に頼ったプラスチックのリサイクル課題や、不適切な処分による特定の海域の汚染などを考えると、無縁とはいえません。

そして、目標17の「パートナーシップで目標を達成しよう」は、多数のステークホルダーを巻き込む活動の合言葉となっています。

出典：国連広報センター「持続可能な開発目標」をもとに作成

図4.18 SDGs 17のゴール

地域の取り組みに参加する

立場をこえた「パートナーシップ」を築くことで、3Rを推進し、プラスチックごみ問題に挑む取り組みが、各地に存在します。

海底ごみ対策：海底ごみの回収・処理システム（香川県方式）

瀬戸内海に面した香川県は、大半をプラスチックが占める「海ごみ」対策を包括的に実施している県の1つです。

海ごみには大きく分けて、海岸に流れ着いた「漂着ごみ」、海面を漂う「漂流ごみ」、そして海底に沈んだ「海底ごみ」の3つがあり、それぞれに対策が必要です。

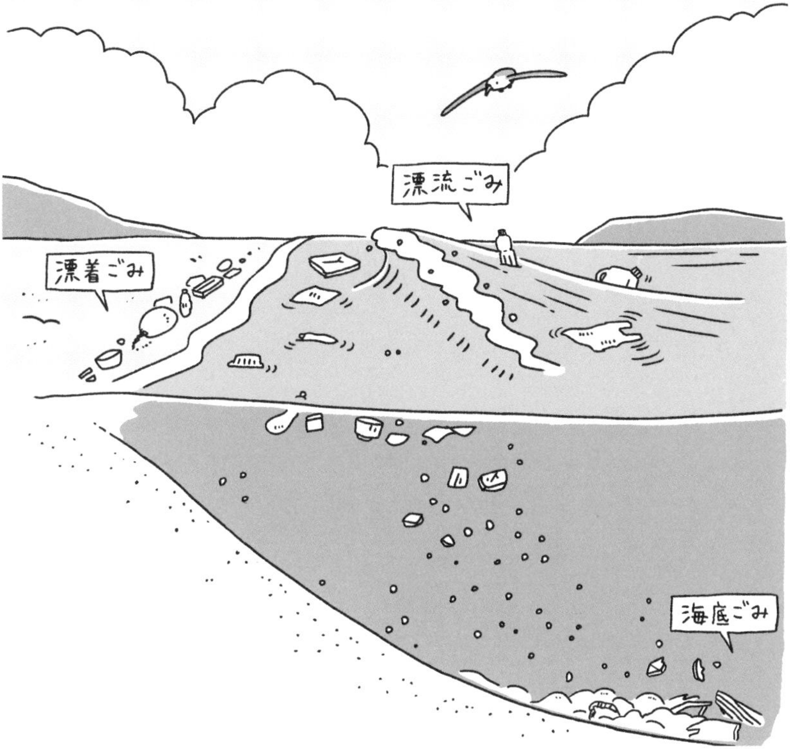

図 4.19 3つの海ごみ

漂着ごみの対策には、地域のボランティアと県や市町がパートナーシップを結び、清掃活動などを支援する「『さぬき瀬戸』パートナーシップ」制度が設けられています。県は、清掃用具の提供や看板の設置などを支援し、市町では、回収された一般ごみの処理を分担するという具合で、市民ボランティアの活動の活性化を下支えしています。

また、調査研究も進められています。県内約270カ所の海岸で、漂着ごみの目視調査が行われ、確認されたごみの量に、12段階のランク評価をつけて定期的に公開しています。一目でわかる評価は、清掃活動への動機付けにも役立ちます。

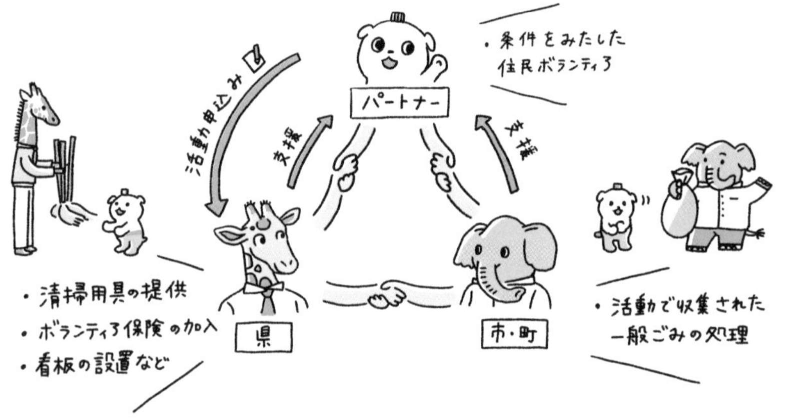

図 4.20 「さぬき瀬戸」パートナーシップ

漂流ごみの対策には、国や県の海面清掃船が活躍しています。回転するローターで海水を船内に引き込み、浮遊するごみをコンテナにトラップさせるしくみを持つ特別な船です。これによって、多くの食品包装や発泡スチロールなどのプラスチックと、大きな物では流木などが回収されることもあり、船舶の安全な航行にも貢献していることがわかります。

そして、「香川県方式」と呼ばれる海底ごみの回収・処理システムが、ほかの都道府県のモデルとなる先進的な取り組みといわれています。これには、漁業者と市町や県、さらには内陸部を含めたすべての住民が関わりを持っています。

まず、海底ごみを回収する役割が漁業者に分担され、漁で底引き網などにかかった海底ごみをボランティアで港に持ち帰ります。これらは漁協で保管された後、月に1回から多いときには週に2回の頻度で、沿岸の市町と県により運搬され、それぞれ適正に処分されます。

そして瀬戸内海の海ごみは、ほとんどが陸から流れ込んだ生活ごみであるため、処理費用は、県と内陸部を含む全市町が負担します。

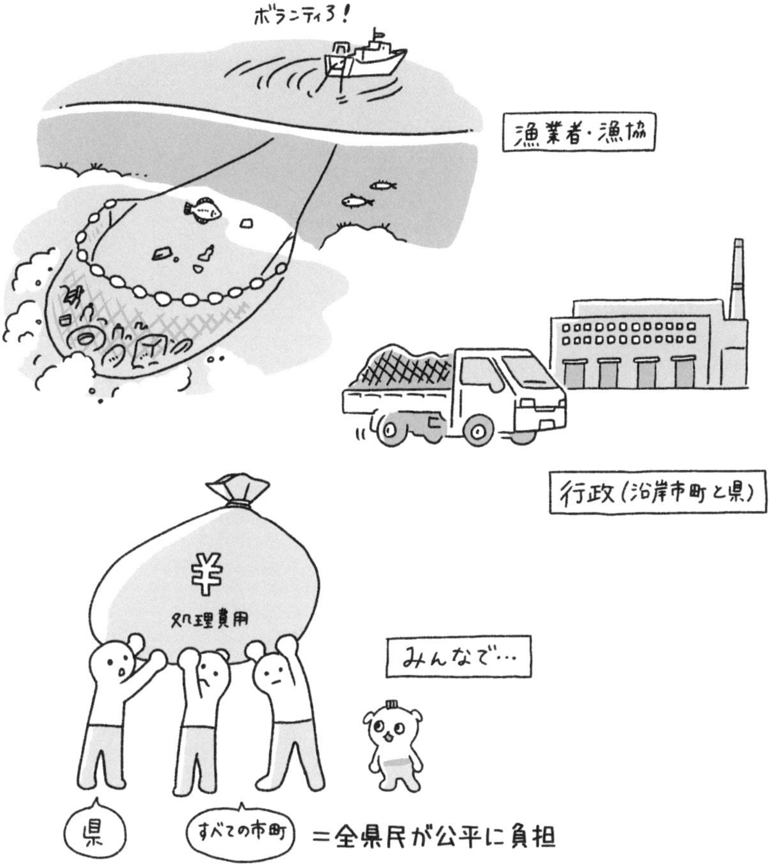

図 4.21 海底ごみ回収・処理システム:香川県方式

この取り組みにより、2019年には、21の漁協がボランティアで作業に協力し、約10トンの海底ごみが回収されました（回収量は2015年がもっとも多く、39トンにおよびました）。

漁業者にとっては、操業中に負担する作業になりますが、ごみの増加は漁獲量の減少につながり、まずは海の環境を良くしていかなければならないという想いから、ボランティア協力が続けられています。

香川県は、県内全域が瀬戸内海とそこに注ぐ河川の流域にあたります。海とともに一連の生活空間があるといった特徴を活かして、県内すべての地域を1つの大きなエリアと捉えた、「里海づくり」に取り組んでいます。香川県方式は、里海づくりという視点から、地域の理解を得る努力と協議を重ね、できあがった成果ともいえます。

共同体の中で、それぞれができる役割を担い、地域一体となって海ごみを減らす取り組みを実現させた事例の1つです。

図 4.22　回収した海底ごみ

●─3Rの啓発：山陽学園中学校・高等学校の取り組み

同じく瀬戸内地域で、中高生が先導する活動があります。

岡山県にある山陽学園中学校・高等学校（元 山陽女子中学校・高等学校）の地歴部は、2008年から部活動として、海ごみの調査と回収、Reduceを基本とした啓発活動を行っています。

学生による活動があなどれないのは、13年におよぶ取り組みが着実に深化し、多くの地元住民の心を捉える活動へと発展している点です。

2名からはじまった活動はまず、漁船に乗って沖合に出、「海底ごみ」を回収する作業でした。船上でのごみの回収は過酷な重労働ですが、海底ごみの実態に触れることで、問題の深刻さを目の当たりにし、多くの人へ現状を伝えたいという想いが生まれ、回収と並行した啓発活動をはじめることになりました。

図 4.23 海底ごみ回収活動風景

資料提供：山陽学園中学校・高等学校　地歴部

はじめての啓発活動では、「内陸部には関係がない」「海の近くの人が回収したらよいではないか」という感想も聞かれ、問題の認知度の低さと、海岸地域と内陸地域の認識の差が浮き彫りとなりました。

海洋ごみの大半は生活ごみが占めており、河川を介して遠くからも運ばれてきます。広い地域の住民に、一丸となって対策を求めるために必要なものは、内陸地域と海洋ごみの因果関係を明らかにする情報でした。

そこで、海底ごみを回収した海域へそそぐ河川の上流から下流まで、111キロメートルにおよぶ調査に踏み切ることになりました。その結果、全流域から同量のごみが河川に流れ出していること、上流のごみほど、海に到達するまで時間がかかり、川底への堆積と劣化が進み、深刻な問題を生んでいることもわかってきました。

さらに「海底ごみ」は、普段は見えない問題であり、伝えることの難しさがついてまわります。啓発活動では、調査結果とともに、ごみの発生起源から移動ルートを実例とともに示し､意外な海底ごみなどは実際に見て、触ってもらうという工夫も取り入れました。

図 4.24 スーパーマーケット店頭での啓発活動

資料提供：山陽学園中学校・高等学校　地歴部

また、活動の1つであるアンケート調査では、海からの距離に比例して問題に対する認知度が下がる傾向がうかがわれました。海の環境課題は視野を広げると、森や川ともつながり、さらに沿岸部・対岸部・島嶼部のつながりと、瀬戸内地域全体のつながりに発展します。この視点を取り組みに加えた「海底ごみのつながる化プロジェクト」では、内陸地域の住人とともに海底ごみの回収活動を行ったり、対岸に位置する香川県での展示活動と情報共有、啓発活動を行いました。

これら一連の活動のモチベーションは、「人の手元からごみが離れる瞬間が大切で､その場面での意識と行動の変化を促したい」というものです。そのために、誰もが納得のできる情報を集め、誰もが自分事として捉えられる工夫を取り入れようとする中高生の姿勢には、脱帽させられます。

この地歴部の活動は、国内外でも注目され、他県での講演会やSDGsの国際会議への参加、海洋プラスチックごみとマイクロプラスチックの対策が議題に上ったG20大阪サミット（2019年）での発表など、着実に実を結んでいます。

生徒と島民による短時間の回収で、1,200本ものペットボトルが集められた

図 4.25 漂着ごみの回収活動（瀬戸内海島嶼部の手島にて）

資料提供：山陽学園中学校・高等学校　地歴部

現在は、瀬戸内海15の島における「マイクロプラスチック」の実態調査も活動に加わり、最先端の研究さながらの取り組みへと発展しています。

図 4.26 国際会議への参加

資料提供：山陽学園中学校・高等学校　地歴部

この中高生の活動も、はじめは身近な海への小さな関心からはじまっています。こうした身近な「ちょっと気になる」をすくい上げることが、大きな輪に発展していく可能性を秘めています。すでにある地元の活動を調べ、活動の輪に参加してみる、自分の気になることや疑問を調べるといった行動に移してみることも、大きな一歩になるかもしれません。

column

コラム

暮らしにRefuse（断る）というRを

東京農工大学　環境資源科学科　高田秀重教授

●参加できるプラスチック研究

プラスチックとの付き合い方には、5Rという考え方があることを紹介しました。5つ目のRは、Research（研究）です※1。プラスチックの環境中でのふるまいには、まだわからないことが多くあります。プラスチック製品が環境中に流れ出たとき、それが時間とともにどのように移動し、変化して、環境にどのような影響が生じるのかという研究データは、いまだに不足しているのです。そこで、「2050年には、海を漂うプラスチックごみの重量が、海洋生物の総重量を超える」というセンセーショナルな予測に対し、対策の指針となる確固とした科学データが必要とされています。研究は研究者に任せておくしかないと考えられがちですが、この研究活動に、市民の立場から参加、貢献できるユニークな取り組みも存在します。

高田秀重教授

プラスチックの海洋汚染と生物への影響を研究する東京農工大学の高田秀重さんらは、International Pellet Watch（インターナショナル ペレット ウォッチ）という活動を主催しています。この取り組みでは、世界各地の海岸で採取された「レジンペレット」に含まれる、残留性有機汚染物質（POPs）の分析を行っています。レジンペレットを指標として、微細なプラスチック片が運ぶPOPsの実態を、地球規模でモニタリングしようというのです。そしてこの活動の中で、もっとも重要なレジンペレット採取の役割を、誰もが担うことができます。

※1　5Rという考え方は、東京農工大学が独自に示した指針です。「Refuse」は、本書で紹介する6つ目のRということになりますが、このように、Rにかけた対策の指針は、合言葉となって広がっています。

レジンペレットは、製品として成形される前の原料となるプラスチックの粒のことで、特有の円筒形から円盤型をしています。これらが海洋を漂流し、世界各地の海岸に漂着しているのだといいます。

レジンペレットには、製品が砕けてできるマイクロプラスチックと同様に親油性があり、周辺の海水などからPOPsをはじめとする疎水性物質を吸着する性質があります。海岸に流れ着いた、このレジンペレットを指定の方法で採取し、高田さんの研究室へ郵送すると、吸着したPOPsを分析し、その濃度と地域差がデータ化されます。

2005年の活動開始からこれまでに、40か国180以上の個人や団体がこの取り組みに参加し、世界の700地点以上で採取されたペレットが送られてきました。分析の結果は送り主にも報告され、研究の一翼を担う経験ができます。

海岸で採取されたレジンペレット

資料提供：高田秀重教授

インターナショナルペレットウォッチのデータ

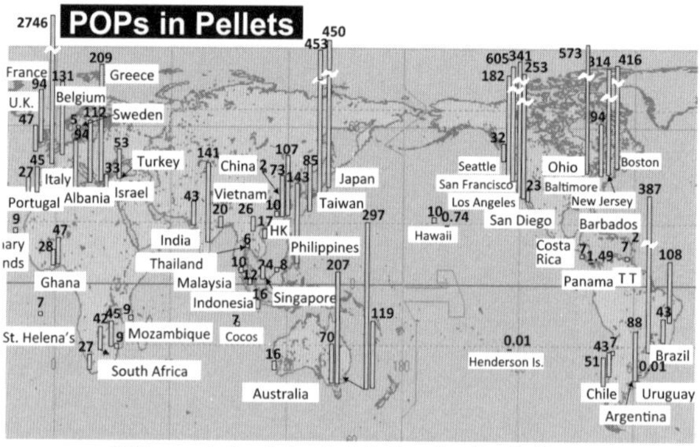

PCB concentrations in beached plastic resin pellets (ng/g)

出典：International Pellet Watch Japan

●汚染物質を吸着したマイクロプラスチックの影響

高田さんたち研究チームはまた、このような海を漂う微細なプラスチック片、特にマイクロプラスチックがおよぼす生物への影響についても研究を進めています。

プラスチックには、ノニルフェノールといった環境ホルモンにあたる添加剤が含まれていたり、ポリ塩化ビフェニルやDDTなどの残留性有機汚染物質（POPs）を吸着する性質があります。高田さんらの研究では、海洋を漂うマイクロプラスチック1グラム中に、海水の10万から100万倍の濃度にあたる、1～1万ナノグラム（ナノは10億分の1）の汚染物質が含まれる場合があることがわかりました。さらに、これらを飲み込んだ生物での体内移行や、作用についても明らかにしようとしているのです。

実験室内で行われた海鳥への摂取実験では、プラスチックとともに取り込まれた汚染物質は、胃液の脂っぽい成分と反応することで溶け出すことがわかりました。これらは腸で吸収されたのち、肝臓や脂肪組織に蓄積されます。高濃度に蓄積が起これば、肝機能に障害をきたす恐れがあるといいます。そしてこのような、プラスチックを摂取した生物への汚染物質の蓄積と影響が、自然界でも報告されはじめています。

高田さんは、「実験で、海鳥に起こったことを知った段階で、人への影響も考えてしかるべきです」と話し、この結果を自然からの警告だと捉えました。そして次に、人の生活に直結する魚貝類へも調査対象を広げることにしました。その結果、東京湾で行った調査では、水揚げされたイワシ64尾のうち、49尾からポリエチレンやポリプロピレンなどのマイクロプラスチックが検出されました。

東京湾のイワシの調査

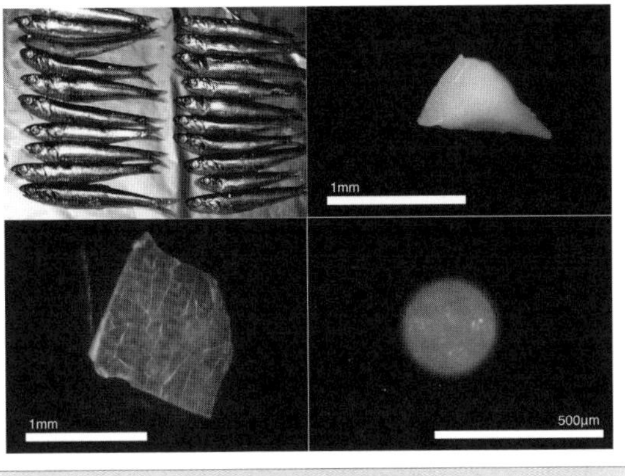

資料提供：高田秀重教授

マイクロプラスチックを介して運ばれたPOPsは、それを取り込んだ生物の体内に蓄積し、食物連鎖の中で濃縮が進むことがわかっています。魚貝類がこれらを取り込んでいることがわかると、おのずと食への不安にもつながります。

しかし高田さんは、「魚に摂取されたマイクロプラスチック自体は、それごと人が食べても排泄されます。含まれる汚染物質の量も、今のところ直接健康に影響が生じるレベルではありません」と説明し、結果を慎重に受け止める姿勢を示します。科学データをもとに、今後起こり得るリスクを回避するため、プラスチックとの付き合い方を立ち止まって考えることが、今すべきことであると強調します。

●Refuse(断る)が求められる理由

また高田さんは、積極的な研究活動と同時に、「Refuse(断る)」からReduce(削減)の実践を行うことの大切さを啓発しています。ほかで代用できるプラスチック製品の受け取りを「断る」ことが、誰もが実践でき、削減の入り口になる行為だといいます。

不適切な処分のために、環境中に流れ出したプラスチックが注目される一方で、前出のレジンペレットは、製造の途中にある原料であるにも関わらず、世界中の海岸で認められています。これらは、加工工場からもれ出したり、運搬の際に、車両や船舶からもれ出すことにより、海へ流出していると考えられています。この現状は、回収と処分を徹底させるというだけでは足りず、生産量そのものを減らすことの重要性を示しているといいます。

さらに日本から出たプラスチック廃棄物は、資源として東南アジアの国々へ輸出されています。ですが、日本近海に大量に浮遊するプラスチックごみの由来をたどると、東南アジア地域に行き着きます。新たな資源となるばかりか、持て余した結果、海に流出している現状は、廃棄物の発生自体を抑えるべきことを示唆しています。

これらの事実から高田さんは、国内外の専門家会議においても、研究成果を根拠に、「削減優先」の考えを積極的に発言するようにしているといいます。3Rの議論では、リサイクル技術の開発に重点が置かれがちです。さらに、開発途上国で廃棄処分が不十分であるならば、性能のよい焼却炉を輸出しようという考えもしばしば持ち上がります。ですが、それが開発途上国の将来に最善の方法かどうかは慎重に検討しなくてはなりません。

海洋プラスチックの問題は、Research(研究)によるデータの蓄積が目下の課題です。私たちも、多方面からの研究報告を、自分事として注視していきたいものです。

第5章

新たな素材の研究と開発

4章では、プラスチックとうまく付き合うための3Rと、私たちにもできることを紹介してきました。ここに2019年、プラスチック資源循環戦略として、4つ目のRであるRenewable(再生可能資源への代替)が加わったことは、先に話題にした通りです。

本章では、「再生可能資源への代替」とはどういうことか、また新素材の開発や製品化と、そのしくみを紹介していきます。

研究や新素材の開発は、専門家の領域と思われがちですが、その動向は、物を選ぶとき、そして捨てるときにも、私たちの行動を決める1つの要素になります。現在のプラスチックとその使い方の課題を解決すべく、続けられる研究や技術開発にも、ぜひ注目してください。

5-1 再生可能資源を使った製品開発

従来のプラスチックが持つ課題を解決するため、「再生可能資源への代替」をキーワードに、「新たな素材」の開発が試みられています。どのような原料から、どのような素材や製品が生まれているのか、まずは海外のユニークな事例を紹介します。

Renewableな製品開発の事例

Renewable（再生可能資源への代替）には、そもそもプラスチックを使わず、ほかの素材で代用することも当てはまりますが、研究と開発の要は、「プラスチックを石油からではなく、再生可能資源からつくる」ことにあります。

図 5.1 Renewable は 4 つ目の R

海藻からつくられる包装材：Seaweed-Based Packaging

インドネシアのEvoware社が開発した「Seaweed-Based Packaging (シーウィード・ベースド・パッケージング)」は、その名の通り、海藻を材料につくられた包装材です。フィルム状の食品包装から使い捨ての飲料カップまで、さまざまな用途、形状のものが製品化されています。

これらの製品は「食べられる包装紙」とも呼ばれ、天然の材料と食べても安全なごく少量の化学物質でつくられています。材料の大半を占める海藻に由来した、食物繊維やビタミン、ミネラルなどを豊富に含む包装紙やカップは、利用後、そのまま食べることもできます。成分を有効に摂取しながら、廃棄物も出さないというユニークな特徴が、話題となりました。

製造の上でも、食品を扱うレベルの衛生管理がなされているため、食べて処分することも前提となっているわけです。いろどり豊かで、見た目もプラスチックそのもののカップを食べる様は、まさに新しい！　そんな光景が目に浮かびます。

熱に弱く溶けやすいという弱点もありますが、熱によるシーリングを可能にしたり、お湯を注ぐと溶ける調味料袋として、その性質すら活用することが考えられています。

図 5.2 Seaweed-Based Packaging

資料提供：Evo & Co | Evoware World | Ello Jello

また、製品のユニークさと同時に、海藻を材料とした製品の開発は、地域に安定した収入をもたらすという側面も持ち合わせています。

持て余すほど生産される海藻が、高価格で無駄なく取引できるようになることで、決して裕福とはいえない漁民の生活を潤すことに貢献しています。環境問題へのアプローチのみならず、貧困をなくすという社会問題も包括する取り組みとして、経済面からも循環型社会を構築する1つのモデルケースとして評価されています。

ちなみに海藻は、成長速度が速く、比較的短期間で採取をくり返すことができるのも特徴の資源です。Evoware社では現在、37×95センチメートルサイズの包装材を、月に1,500個のスピードで生産しています。

うすい膜状の飲料容器：Ooho

2つ目の事例は、ロンドンの学生3人のグループが、2014年に開発した「Ooho（オーホー）」という製品です。こちらは「持ち運べる水」というキャッチフレーズで話題となりました。

水が持ち運びできるのは、ペットボトルも同じですが、この製品は、水を「膜」でコーティングすることで、水そのものを持ち歩くような感覚が新しいアイデアです。

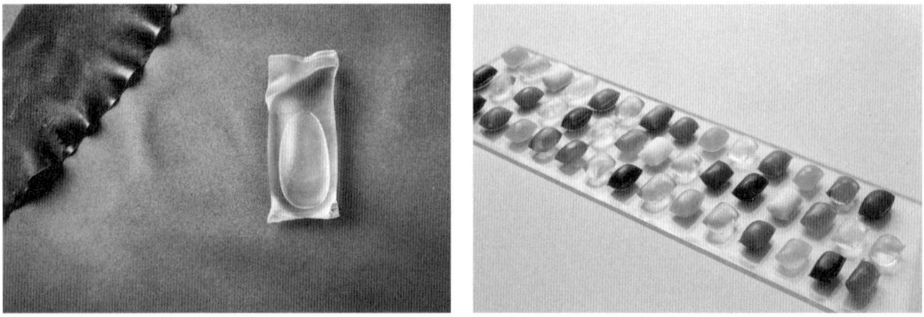

図5.3 Ooho

資料提供：Notpla

水をコートする膜構造は、アルギン酸ナトリウムと塩化カルシウム（または、乳酸カルシウムなど）の化学反応でつくられます（正式な材料としくみは公開されていません）。

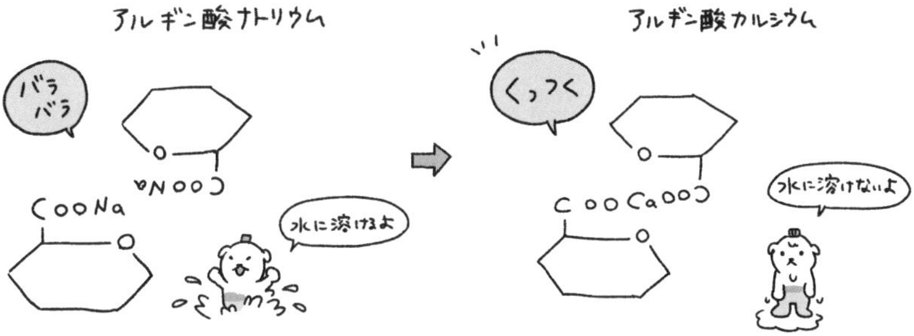

図 5.4 膜がつくられるしくみ

両者の水溶液が混ざり合うと、アルギン酸ナトリウムのカルボキシル基(–COONa)からナトリウムイオン(Na^+)が離れ、塩化カルシウム($CaCl_2$)から離れたカルシウムイオン（Ca^{2+}）との間でイオン交換が起こります。

もともとNa^+がついていたカルボキシル基に、代わってCa^{2+}が結合しますが、Ca^{2+}はつなぐことができる手を2つ持っています※。片方の手が離れたままでは不安定なため、Ca^{2+}は2つのカルボキシル基と同時に手をつなごうとします。

こうしてできるアルギン酸カルシウムは、分子同士がCaでつながり合うため、液体として自由に動くことができなくなり、ゲル状の膜になるというしくみです。

アルギン酸ナトリウムは、海藻などに含まれる天然の食物繊維であり、塩化カルシウムは海水中にも存在する無機塩類で、食品添加物としても用いられている物質です。

※ここでは「イオン結合」の手について話しています。1章のp.17は「共有結合」の手の数を説明しており、化学的に性質が異なります。

比較的かんたんに手に入る天然材料が持つ、化学的な特性を活かしたアイデア製品ともいえるのが、このOohoです。

また、飲料を飲んだあとは食べることも土に還すことも可能なため、災害発生時における避難施設などでの活用も見込まれています。大量に発生するごみを速やかに処理し、衛生を保つ必要がある環境下で、この新たな発想が生きてくるかもしれません。

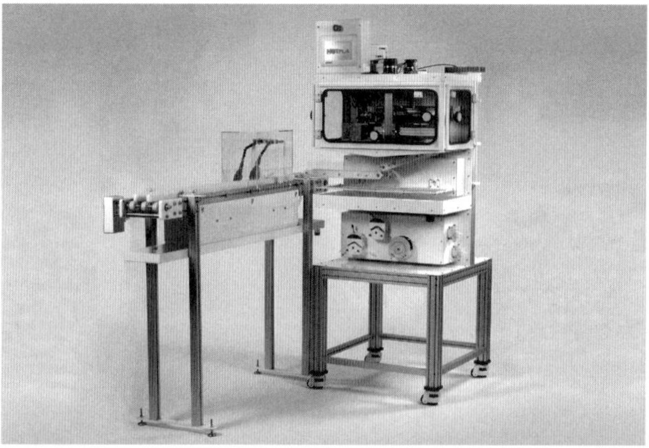

図 5.5　移動可能な Ooho を製造する機械（開発中）

資料提供：Notpla

Ooho（現在はNotplaという名称の組織として活動中）は2021年を目標に、20～150mlの飲料をパッキングできる機械を開発し、レンタルするしくみを展開予定です。機械化とレンタルシステムは、製造のコストを大幅に下げるとともに、市場拡大にも貢献すると期待されています。

いかがでしょうか？　プラスチックを､成形できる有機性の合成高分子(ポリマー）と定義すると、この2つの製品も、再生可能資源への代替を果たしたプラスチックということもできます。ともに「海藻」という身近で豊富な資源に着目し、あわせてユニークな特徴と社会課題にも取り組む側面を持った工夫は、とても興味深いものです。

5-2 再生可能資源とは?

ここまでのお話の中で、「再生可能資源」という言葉を多用してきましたが、そもそもそれにはどういったものが含まれるのか、本章でも基本になるので、あらためて押さえておきましょう。

「再生可能」の意味とは?

ところで、「再生可能」という言葉から連想するのはどのようなものでしょうか？　リサイクルができる、それもマテリアルリサイクルのように物から物へ、何度も生まれ変わって再利用できる……そんなイメージが浮かびそうですが、実際には少し異なります。

「再生可能」とは、自然の営みから半永久的に得られ、継続して利用できること、自然の活動によって絶えず再生し、供給されることを指します。

ですから、再生可能エネルギーといえば、絶えず降り注ぐ太陽光、風力や水力が挙げられます。そして再生可能資源には、何度でも栽培できる植物や農産廃棄物なども含まれ、先に紹介した海藻も、その1つにあたるわけです。

目には見えない循環の存在

さらに、植物を資源として利用し、廃棄したときのことを考えてみてください。

そのまま朽ちて分解するのを待つ場合も、焼却して処分する場合もあります。最終的にはおもに、二酸化炭素（CO_2）と水に変わって環境中に放出されることになります。そしてこれらは、植物の成長に必要な光合成の材料として、再び植物に取り込まれていきます。

見た目の上では消費するとなくなってしまう植物も、形を変えて、再び新たな資源をつくり出す循環の輪の中に戻っていきます。再生可能資源をとらえるときには、この目に見えない循環も含めて考えなければなりません。

図 5.6 二酸化酸素の循環

製材や加工で電力やエネルギーを用いる場合もCO_2が発生するが、手作業や再生可能エネルギーの利用で、カーボンニュートラルが達成できると考えられる

従来のプラスチックが持つ課題

対して、従来のプラスチックの原料である石油や石炭などの化石燃料は、長い年月かけて生成された埋蔵資源です。採取するスピードに応じて再生していくことはなく、いずれは枯渇する有限の資源です。

さらに化石燃料は、堆積、圧縮を受けて炭素含有率が高くなった、エネルギーの塊でもあるため、燃焼すると多くの二酸化炭素を一気に放出する性質もあわせ持ちます。これにより排出される二酸化炭素は、現在生育する植物が利用する量を上回るため、循環の中におさまり切ることができません。

Renewable（再生可能資源への代替）を考えるときには、石油を原料とする従来のプラスチックが抱える、これらの課題の解決を目指すことになります。

加えて、環境中で分解することなく残り続けるという課題も忘れてはなりません。すでに存在する環境ごみの対策とともに、自然環境の中で、残り続けることのない素材の追求も必要とされています。

図 5.7 石油を原料とするプラスチックの課題

次に、これらの課題の解決に向けた、新たな素材の研究と開発について、詳しく見ていきましょう。

5-3 バイオプラスチックの研究と開発

石油からつくられる従来のプラスチックが持つ3つの課題を紹介しました。これらの解決を目指して、研究と開発が進められているのが「バイオプラスチック」です。これには、再生可能資源であるバイオマスからつくられる「バイオマスプラスチック」と、自然環境で分解する「生分解性プラスチック」が含まれています。それぞれのプラスチックについて、詳しく見ていきましょう。

バイオマスからつくる「バイオマスプラスチック」

新しいプラスチックの材料として期待されるのが、再生可能資源の1つである植物や農産廃棄物などの「バイオマス」です。

バイオマスは、動植物に由来する有機性の物質（炭素を含む分子からなる物質）のことで、動植物体そのものをはじめ、それらが生きていく上でつくり出す物質や排せつ物、死骸までもが含まれます（p.117参照）。

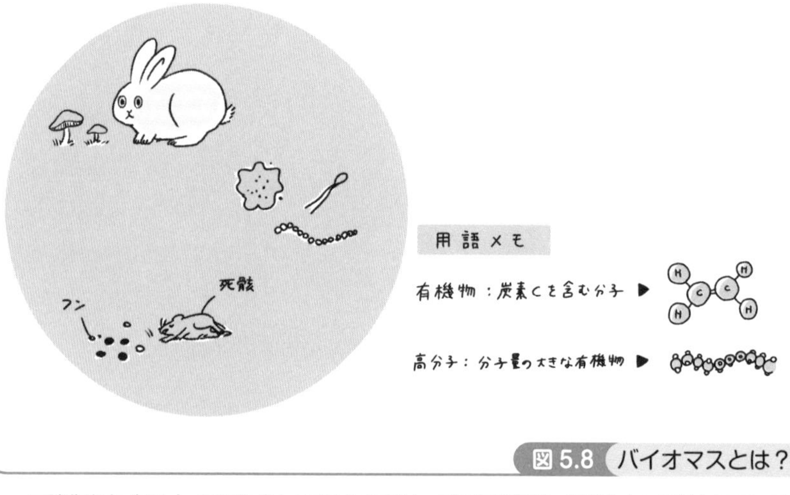

図 5.8 バイオマスとは？

二酸化炭素（CO_2）や重曹（$NaHCO_3$）などは、炭素を含むが、無機物として扱われている植物体はおもに、セルロースやでんぷんなどの炭水化物で、動物体はおもに、たんぱく質からできています。また植物も動物も、生きていく上で欠かせない代謝や調節機能により、体内でさまざまな物質をつくり出しています。これらの多くは、天然の高分子にあたり、元素のレベルで考えると、多い順番に炭素（C）、水素（H）、酸素（O）、窒素（N）、リン（P）、硫黄（S）を含んだ貴重な資源の宝庫となります。

有機性の合成高分子であるプラスチックは、炭素を骨格として、水素や酸素などの元素や官能基が結合した物質です。これらの材料をバイオマスから取り出したり、合成することで、バイオマス由来のプラスチックをつくり出すことができます。

このように、バイオマスを材料に合成されたプラスチックは「バイオマスプラスチック」と呼ばれ、研究と開発が続けられています。

バイオマスプラスチックのつくり方

では、バイオマスからどのようにして、プラスチックをつくり出すのでしょう。代表的なものに、セルロースやでんぷんなど、バイオマスの構成成分を直接利用する方法、微生物の体内に蓄積させる方法や、バイオマスからモノマーをつくり、重合させる方法などがあります。

バイオマスの成分を直接利用する

まずイメージしやすいのは、バイオマスの構成成分を直接利用する方法です。植物や穀物などのバイオマスに含まれるセルロースやでんぷんは、天然の高分子です。これらの成分に、化学的な改変を加えることで、熱可塑性を示す合成高分子、つまりプラスチックとする方法がいくつか考え出されています。

この方法によって得られるプラスチックには、エステル化澱粉や酢酸セルロース（CA）と呼ばれるものなどがあります。これらは、単独で製品となるよりも、ほかのプラスチック材料と混ぜて用いられることが多いのも特徴です。

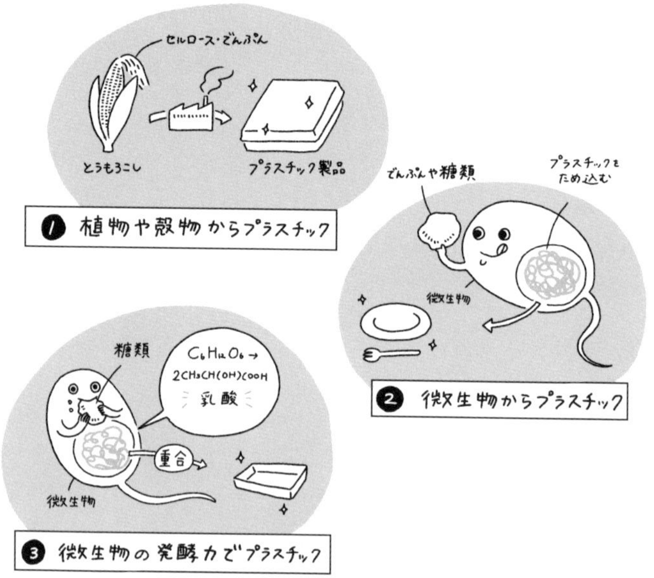

図 5.9 バイオマスからプラスチックをつくる

微生物の体内に蓄積させる

微生物の体内に蓄積させる方法というのは、ユニークに聞こえるかもしれません。

細菌やカビ、藻類などの微生物の中には、取り込んだエネルギー源を、体内に高分子（プラスチック）としてため込む性質を持つものがあります。摂取したエネルギー源をもとに、微生物の体内に蓄積したプラスチックは、微生物の細胞壁を取り除くなどの精製の工程を経て、取り出すことができます。

このとき、微生物に与えるエネルギー源には、ヤシ油などの植物油や穀物のでんぷんや糖類、つまりバイオマスが用いられています。

このようにして得られるプラスチックには、ポリヒドロキシブチレート(PHB)やポリ(ヒドロキシブチレート/ヒドロキシヘキサノエート)(PHBH)※と呼ばれるものなどがあります。

※名称の「ポリ」に続く括弧内は、モノマーの化学構造を表すもので、複雑な名称のものが多く、略称で示されることが一般的です。

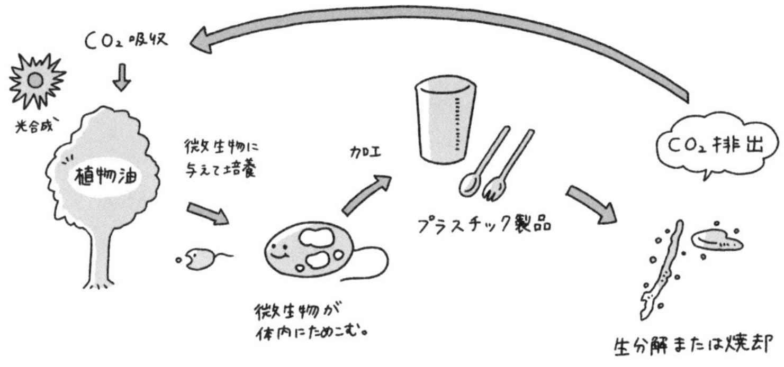

図 5.10 微生物がつくるプラスチックと資源の循環

バイオマスからモノマーをつくる

最後に、バイオマスから得られたモノマーを重合させる方法です。

この方法でつくられる代表的なバイオマスプラスチックに、ポリ乳酸（PLA）が挙げられます。ポリ乳酸はその名の通り、乳酸をモノマーとして重合させ、高分子化したものです。

このとき、乳酸の材料となるのが、トウモロコシやイモ類など、穀物に由来するでんぷん、さらにサトウキビなどからとれるショ糖です。でんぷんを分解して得られるグルコースやショ糖を微生物の力で発酵することで、その産物として「乳酸」を得ることができます。

「発酵」とは、微生物が酸素のない環境下で、有機物（グルコースなど）を分解し、エネルギーをつくり出す一連の過程を指します。その中でつくり出される物質を、私たちは食品の加工など、さまざまに利活用しています。

乳酸菌の場合は、乳酸発酵と呼ばれる発酵の産物として乳酸が、酵母の場合は、アルコール発酵の産物としてエタノールが生成されます。後者は、お酒造りにも生かされているというわけです。

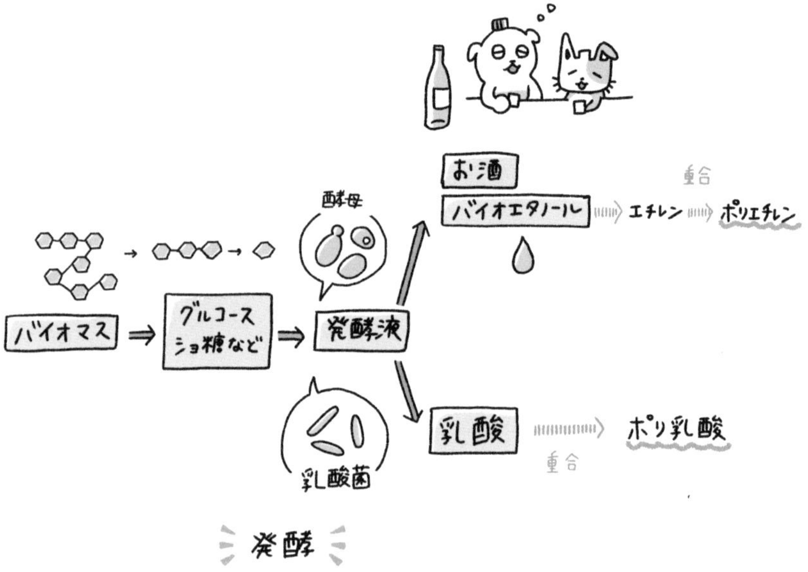

図 5.11 微生物の発酵作用の利用

この微生物による発酵の力を使い、バイオマスから汎用プラスチックの1つであるポリエチレン（PE）をつくることもでき、主な材料には、サトウキビが用いられています。

サトウキビの絞り汁からは、砂糖などの食品がつくられますが、このときに出る廃液（廃糖蜜）の中には、酵母が発酵できる糖が残っています。これを材料に、酵母によるアルコール発酵で得られるのがエタノールです。

エタノールは、さまざまな化学物質の材料となります。加熱して触媒と反応させれば、エチレンを取り出すこともでき、これを重合させることで、バイオポリエチレン（バイオPE）をつくることができます。

バイオマスの利用の拡大

バイオマスからつくられるエタノールは、「バイオエタノール」と呼ばれ、燃料としてもプラスチックの材料としても利用できる再生可能資源として、注目を集めています。

サトウキビやでんぷんに加え、近年は、植物の細胞壁の主成分であるリグノセルロース（セルロース、ヘミセルロース、リグニンがおもな構成成分。p.115参照）から糖を取り出し、これをもとにバイオエタノールなどをつくり出す方法が研究されています。

これら木質は、食料の生産と競合しない資源であることから、有効利用が大いに期待されているところです。

このうち、特に活用の進んでいなかった「リグニン」からつくられるリグノフェノール（LP）という物質も、バイオマスプラスチックの原材料として注目されています。2019年には、島根県の隠岐の島に、リグノフェノールを抽出、製造する研究プラントが完成しました。リグノフェノールを使った、製品開発と経済性の検証、用途の拡大に関わる研究成果が期待されています。

生分解機能を持つ「生分解性プラスチック」

「再生可能資源への代替」に着目し、バイオマスを材料としたプラスチックの開発について紹介してきました。ここで、従来のプラスチックが持つ課題をもう一度思い出してみてください。

バイオマスを材料とすることで、「有限の資源」である石油の消費を防ぐこと、また、廃棄処分するときに発生する二酸化炭素（温室効果ガス）の排出量を抑えることには、糸口が見えてきました。では、3つ目の課題である「分解されずに残り続ける」についてはどうでしょうか？

バイオマス由来でも分解されない?

バイオポリエチレン（バイオPE）の例からもわかるように、植物や動物由来の材料を用いても、精製や合成の過程を経て、できあがったプラスチックの化学的な構造は、従来のプラスチックと変わらないものもあります。バイオマスからできたプラスチックといっても、すべてが土に還る（自然環境で分解する）素材とは限りません。

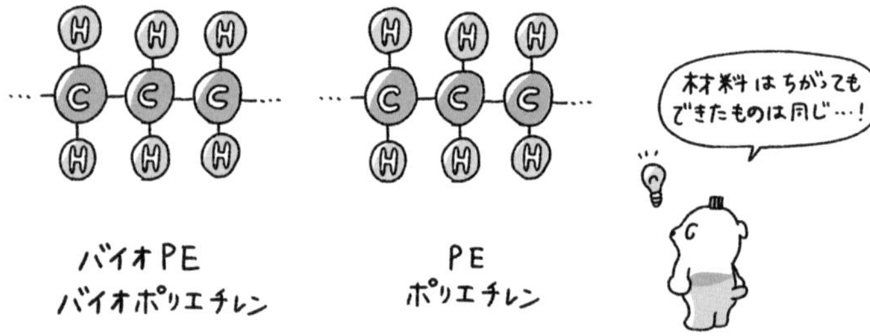

図5.12 バイオPEとPE

そこで、プラスチックの新たな機能として着目されているのが「生分解性」です。生分解とは、微生物の働きにより、高分子化合物が二酸化炭素と水にまで分解されることを指します。

この機能を持つプラスチックであれば、たとえ環境中に放棄されても、土中や水中に存在する多くの微生物の活動によって分解され、残り続けることを防ぐことができます。そればかりか、積極的に生分解させることで、廃棄物の量そのものを減らすことも期待できるかもしれません。

このような機能を持つプラスチックは、「生分解性プラスチック」と呼ばれ、盛んに研究と開発が進められています。

バイオマスプラスチックにも、生分解性を併せ持つものがあり、バイオマスプラスチックであると同時に、生分解性プラスチックでもある、という素材が存在します。

また原料の種類に限らず、生分解機能を持つものは、生分解性プラスチックということができます。石油からつくられたプラスチックの中にも、生分解性を持つものがあり、それらもれっきとした生分解性プラスチックとなります。

そして、バイオマスプラスチック、生分解性プラスチックのどちらか、または両方に属するプラスチックのことをまとめて、「バイオプラスチック」とも呼んでいます。これらの関係を図5.13に示しました。

バイオプラスチック

	バイオマスプラスチック	石油合成プラスチック
	生分解性プラスチック	
生分解する	・ポリ乳酸（PLA） ・微生物産生ポリエステル（PHA） ・ポリブチレンサクシネート（PBS） ・ポリブチレンサクシネートアジペート（PBSA） ・エステル化澱粉 ・低置換度酢酸セルロース（CA） など	・ポリカプロラクトン（PCL） ・ポリブチレンアジペート・テレフタレート（PBAT）
生分解しない	・バイオマスポリエチレン（BioPE） ・バイオポリプロピレン（BioPP） ・バイオポリエチレンテレフタレート（BioPET） など	・ポリエチレン（PE） ・ポリプロピレン（PP） ・ポリエチレンテレフタレート（PET） ・ポリスチレン（PS）

図 5.13 バイオプラスチックの全体像

バイオマスプラスチックであり、生分解性プラスチックでもあるということが理想的ですが、どちらかに属することで、従来のプラスチックが持つ課題の一部には貢献できるといえるでしょう。

5-4 日本発のグリーンプラとバイオマスプラ

「バイオプラスチック」について紹介してきましたが、これらはあくまで研究中の段階で、製品としての利用はまだ先のこと……と感じた人がいるかもしれません。でも実は、研究には40年以上の歴史があり、これらを使った製品が、すでに生活の中でも活用されています。

グリーンプラとバイオマスプラの識別制度

皆さんは図に示した「グリーンプラ」と「バイオマスプラ」というマークの存在を知っているでしょうか？　グリーンプラは生分解性プラスチックから、バイオマスプラはその名の通り、バイオマスプラスチックからできており、それらの特性を発揮する製品であることを示すロゴマークです(日本バイオプラスチック協会が独占的使用権を持つ登録商標です)。

図 5.14　グリーンプラマークとバイオマスプラマーク

資料提供：日本バイオプラスチック協会（JBPA）

ロゴ表示がはじまった背景

日本では、2001年1月の「循環型社会形成推進基本法」という法律の施行を皮切りに、使い捨ての消費社会からの脱却を目指した戦略が打ち出されました。

また2002年には、「バイオテクノロジー戦略大綱」や「バイオマス・ニッポン総合戦略」といった方針が出されました。これらの中で、有限な資源の利用から再生可能な資源への転換、そのための代替素材の研究開発の推進、そして、この戦略により世界をけん引する、という意欲が示されました。

それに先立つ2000年、まずは「グリーンプラ」の識別制度と表示が開始されました。

海洋へのごみの流出や、海岸の漂着ごみ問題は、今にはじまったことではありません。埋め立て処分地の確保の問題や景観の悪化など、ごみの処分にまつわる問題は、長年存在しました。これらに対するアプローチは、実は随分以前から進められていたのです。

続いて、2006年から識別と表示がはじまったのが「バイオマスプラ」です。

バイオマス・ニッポン総合戦略の存在からもわかるように、日本はバイオテクノロジー分野で世界をけん引していくぞ！　という意気込みが示された時期でもありました。

すでに身近なバイオプラスチック

Seaweed–Based PackagingやOohoのようなキャッチフレーズや、見た目のインパクトこそありませんが、日本でも実は、20年以上にわたるバイオプラスチックの製品化と識別制度の実績があるというわけです。

グリーンプラでは、2020年4月の時点で、231の製品で表示が認められ、実際に販売されています。ロゴマークの認知度は、さほど高くはありませんが、クリアファイルや封筒の透明フィルムなど、何気なく手に取っていると思われる物も含まれています。

この表示にしたがって、消費者である私たちが、何かしなければいけないというルールがあるわけではありませんから、残念ながら意識されること自体が少ないのかもしれません。

図 5.15 さまざまなグリーンプラ製品

これらグリーンプラやバイオマスプラの識別には、もちろん一定の基準があります。どのような基準に則り、これらの表示が行われているのかも見ていきましょう。

グリーンプラの識別基準

まずは、「グリーンプラ」の識別制度です。

プラスチック製品は、有機性の高分子化合物（プラスチック）に、さまざまな添加剤を加えてつくられます。これによって、用途に適した性能や機能を発揮する製品となります。

グリーンプラの識別制度には、「ポジティブリスト（PL）」というものが用意されており、グリーンプラの材料として認められる物質が、あらかじめリスト化されています。グリーンプラに識別されるためには、製品に含まれる材料が、すべてこのPLに記載されたものでなければなりません。

リストには11の項目（2020年4月の時点）があり、基本材料となる「樹脂（生分解性プラスチック）」、安定剤、滑剤や発泡剤などの「添加剤」、また植物油などの「天然材料」について、基準を満たす物質が記載されています。

さらに製品中で、各項目の材料が占める割合についても基準が設けられています。プラスチックと天然有機材料の合計が、50wt%または50vol%以上、無機材料は50wt%未満であることとされています。このとき、wt%は重量に換算した場合の割合を示し、vol%は体積の割合にあたります。

またカドミウム（Cd）や鉛（Pb）など、特定の無機元素には、含有量の上限値が設けられています。

グリーンプラの登竜門！

ポジティブリスト（PL）の項目

- 樹脂
- 安定剤
- 界面活性剤
- 滑材
- 無機材料
- 発泡剤
- 有機材料
- 特殊機能有機材料
- 天然材料
- 色材
- その他

図5.16 ポジティブリストの項目（2020年4月）

あらかじめポジティブリスト（PL）をつくっておけば、製品ごとに一から審査を行う手間が省け、効率よく識別を進めることができるしくみとなっています。

ポジティブリスト（PL）に記載できるもの

ですから重要なのは、どんなものがPLに記載できるのか、という点です。ポイントは、「生分解性」と「毒性・環境安全性」の2項目で、決められた試験を通過した材料のみが、PLに掲載されます。

生分解性は、JIS（日本産業規格）、ISO（国際標準化機構）規格や国際的に合意された試験方法（OECDテスト）によって検証し、土中、水中、コンポスト中のいずれかの環境で、生分解性があることを証明する必要があります。

各試験で決められた期間内に、60%以上が二酸化炭素と水に分解すること、そして最終的には、100%の分解が期待できるものが、基準を満たすことになります。

グリーンプラの識別には、製品の1wt%以上を占めるすべての有機材料について、この基準の生分解性を有する必要があります。

毒性と環境安全性は、含まれる物質に毒性がないことはもちろん、プラスチックの分解過程で生じる「分解中間体」が環境中に放出されても安全であることを検証します。

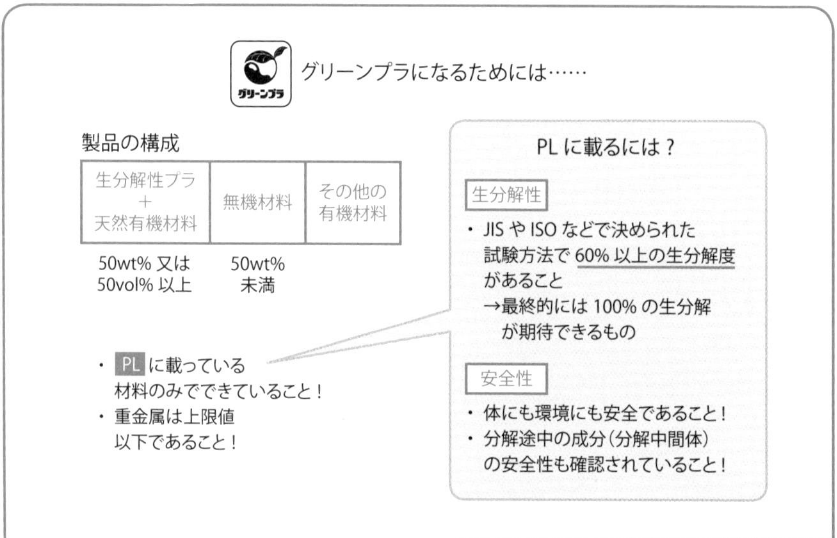

図 5.17 グリーンプラ識別の基準

生分解性プラスチックは、使用途中で生分解がはじまる可能性がありますし、農業や園芸用品として環境中で用い、そのまま生分解によって処理することを見込んだ製品もあります。利用中から分解処理中、そして分解後まで、環境や生態系に悪影響が生じないということは重要なポイントです。

そのため、含まれる有機材料のすべてが、食品添加物に認められている物質であるか、または経口的な毒性試験と、藻類・ミジンコ・ヒメダカを用いた環境急性毒性試験を通過する必要があります。

バイオマスプラの識別基準

次に、「バイオマスプラ」の識別制度です。

こちらの識別制度にも、ポジティブリスト（PL）が用意されており、「バイオマス由来合成高分子化合物（バイオマスプラスチック）」やそれらを材料としてつくり、製品として加工する前のフィルムや紡績糸といった「中間製品」の項目などが設けられています。

この中で、バイオマスプラスチックというためには、もちろんバイオマスを原料として使っていることが条件ですが、すべてがバイオマスでできている必要はありません。原料の一部がバイオマスであるものも認められています。そのため、ポジティブリスト（PL）に登録されたバイオマスプラスチックには、全重量のうち、バイオマス由来の成分が占める割合を、「バイオマスプラスチック度」として明記することが求められています。

バイオマスプラ製品は、すべての材料がPLに記載されている必要はありませんが、バイオマスプラスチック度が、製品全体として25wt%以上（PLに記載されたバイオマスプラスチックに由来するもの）であることが条件とされています。加えて、安全性の危惧される化学物質や、鉛、カドミウム、水銀や六価クロムは含まれていないこととされています。

バイオマスプラスチック度の測定

このバイオマスプラスチック度を測る方法も、少し興味深いものです。

測定には、米国材料試験規格（ASTEM）の定めた方法が使われています。この試験では、材料に含まれる炭素（C）のうち、放射性炭素14（^{14}C）の濃度を調べます。

炭素の同位体である ^{14}C は、石油中には一切含まれませんが、空気中の二酸化炭素には微量に存在しています。光合成で、この二酸化炭素を取り込んだ植物(バイオマス)からは、^{14}C が検出されることを用い、材料として、バイオマス由来の成分が含まれていることを確かめます。

含まれる炭素が持つ情報はごまかしが利かないため、バイオマス由来であるという、信頼できる証拠となるわけです。

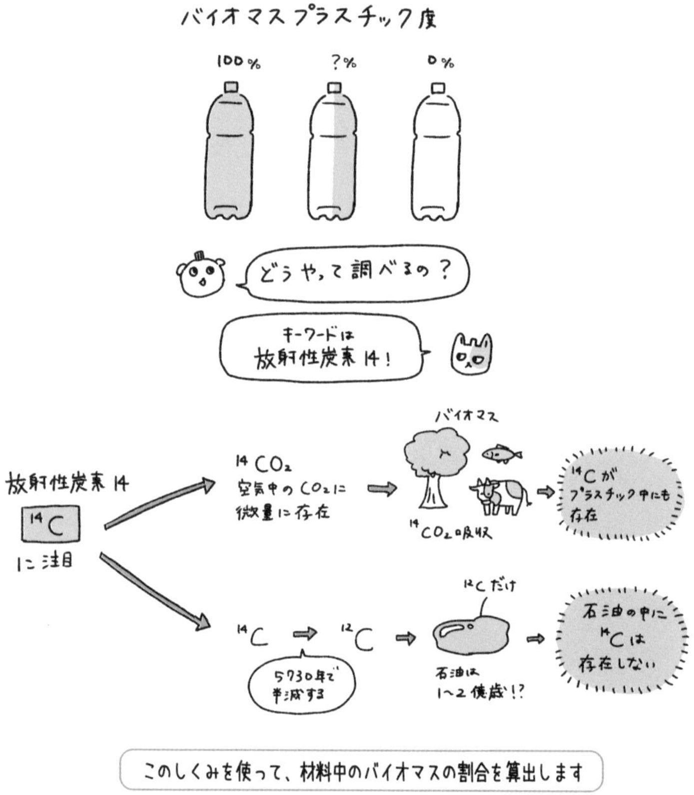

図 5.18 バイオマスプラスチック度

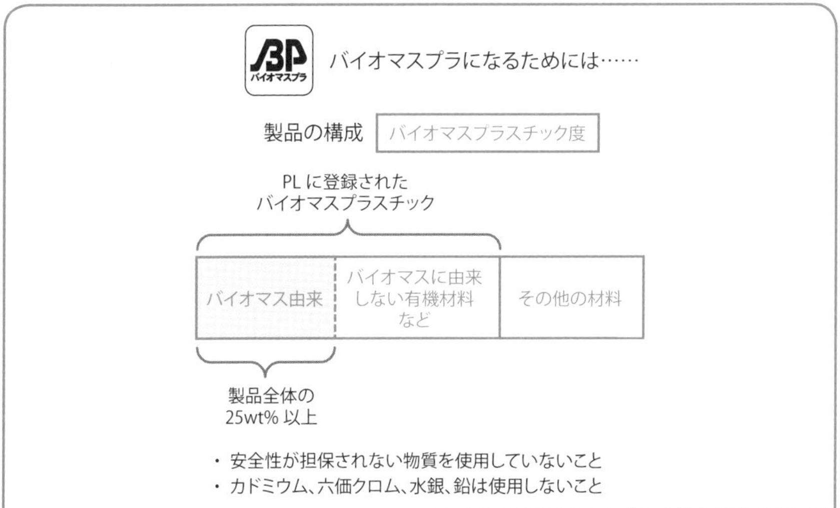

図 5.19 バイオマスプラ識別の基準

以上が、日本バイオプラスチック協会が公開する識別制度の概要です。

識別基準と試験方法は、少し複雑に聞こえたかもしれません。種類が増加し、利用も広がっていくと期待されるバイオプラスチックですから、公的な分類と識別制度の存在は、ますます重要になります。さらに、これらの基準が世界共通のものとなるよう、刷新を続けることも必要となるでしょう。

※p.158～p.164の識別制度に関する記述は、2019年度の情報に基づいています。すでに一部、更新された情報も含まれています。

ロゴマークで識別する意義とは?

バイオプラスチックを、これらのロゴマークで識別することの意義について、もう少し深く探っていきましょう。

バイオプラスチックといっても、見た目は従来のプラスチックと変わらないものが多いため、識別の目印とすることが1つの狙いです。そして、「バイオマスプラスチック」と「生分解性プラスチック」それぞれの特性を活かした利用とリサイクルを行い、新たな資源循環をつくることが期待されています。

バイオマスプラスチックと生分解性プラスチックは、ともにバイオプラスチックと総称されているものの、その性質と機能には違いがあります。使い道を決めるときも、リサイクルを行うときも、それらをよく把握することからはじめる必要があります。

バイオプラスチックのポイントを押さえる

そこで、ここまでの要点をもう一度まとめてみましょう。

「バイオマスプラスチック」は、バイオマスが原材料に使われることで、石油資源の消費を抑えるとともに、処分時の二酸化炭素排出も抑えられる特徴があります。バイオマスが動植物に由来することから、土に還るもの、つまり生分解するものと思われがちですが、そうではない点には注意が必要です。生分解性は、持つものと持たないものがあり、現在のところ多くのバイオマスプラスチックは、生分解性を持ち合わせていません。

そして「生分解性プラスチック」は、生分解機能を持つプラスチックの総称で、生分解性があれば、何を材料にしていても構いません。ですから、石油からつくられる一部のプラスチックも、生分解性プラスチックに分類されます。また、生分解できる環境は、土中、水中、コンポスト中と素材ごとに異なり、今のところ、どこでも分解する素材は多くありません。

これらは、バイオプラスチックとの付き合い方を考える上で、重要なポイントになります。

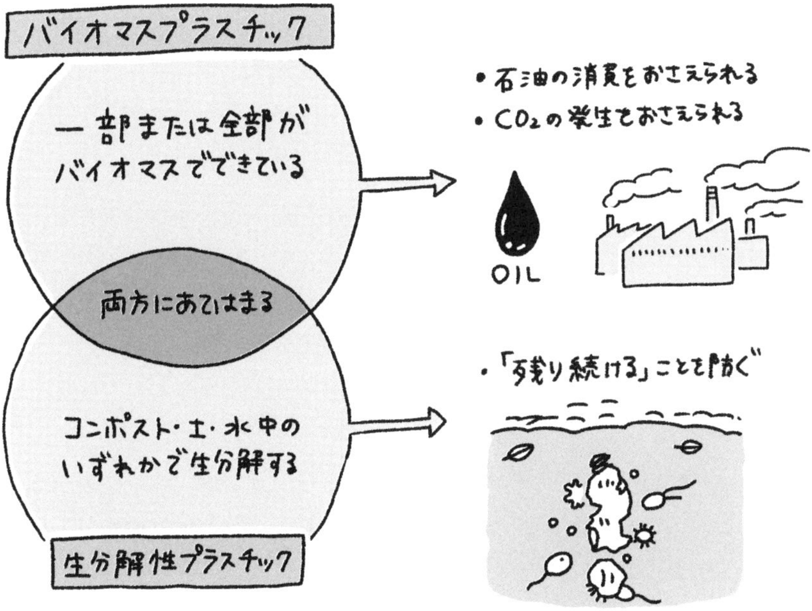

図 5.20　バイオマスプラスチックと生分解性プラスチック

5-5 バイオプラスチックの活用とリサイクル

バイオマスプラスチックと生分解性プラスチック、それぞれのポイントを押さえた上で、その活用法とリサイクルについて考えていきましょう。

バイオマスプラスチックの活用とリサイクル

バイオマスプラスチックには、生分解性を持つものと持たないものがあります。生分解性を持たないバイオマスプラスチックの多くは、石油からつくられたプラスチックと同等の強度や安定性、化学的な性質を持ちます。これらは、現在プラスチックが活用されているあらゆる場面で、それに代わる素材として利用することが望まれます。

炭素の含有量が少ないバイオマスプラスチックは、燃やして処分した場合も、排出する二酸化炭素の量を抑えることができます。そのため、まとめて回収と焼却を行い、発生した熱を利用する「サーマルリサイクル」を行う場合も、環境への負担を減らすことに貢献できます。

より多くのプラスチック製品が、バイオマスプラスチックからつくられるようになれば、回収やリサイクルのしくみがこれまで通りでも、環境課題への貢献につながるといえます。

マテリアルリサイクルやケミカルリサイクルは可能か?

とはいえ、サーマルリサイクルは、少し消極的なリサイクルだな……と感じる人がいるかもしれません。もちろんバイオマスプラスチックも、「マテリアルリサイクル」や「ケミカルリサイクル」が可能です。

その場合は、ひとまとめにして燃やすサーマルリサイクルに比べ、素材ごとの「細かな分別と回収」が重要となることは、従来のプラスチックと同じです。

プラスチックはどれも見た目が似ており、分別だけでも至難の業です。現在でも、素材別の回収とリサイクルが行われているのはペットボトル(PET)のみで、それ以外の分別は、あまり進んでいるといえません。このような中で、バイオマスプラスチックにおいて、徹底した分別と回収を実現させるのは、かんたんなことではありません。しくみの整備とともに、製品をつくる生産者、そして消費者のそれぞれに、一層の努力が必要とされます。

現在、生産者と消費者の双方が責任を負い、徹底して分別回収とリサイクルが行われている製品に、車や家電があります。まずはこれらの製品から、積極的にバイオマスプラスチックの導入を行うなど、リサイクルの活路を拓くことも考えていくべきでしょう。

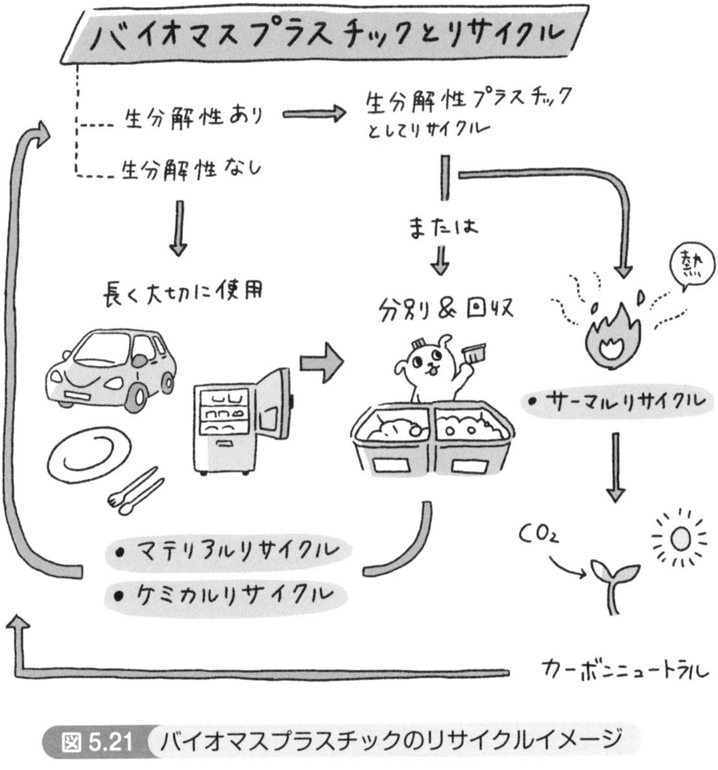

図 5.21 バイオマスプラスチックのリサイクルイメージ

生分解性プラスチックの活用とリサイクル

生分解性プラスチックは、その機能の裏返しとして、従来のプラスチックに比べ、強度や耐熱性が劣る素材が多いのが現状です。そのため、あらゆる場面で用いるには、まだ克服しなければならない課題を残しています。

リサイクルを考えると、生分解性プラスチックには、石油を材料につくられたもの含まれるため、バイオマスプラスチックのように、焼却処分してサーマルリサイクルを行うだけで、環境へ貢献できるとは限りません。やはり、「生分解する」という機能を活かした使い方やリサイクルを考えたいところです。

そこで活用法の前に、生分解性プラスチックの理想的なリサイクルとされる「コンポスト化」と「バイオガス化」というものから紹介していきます。

有酸素下で発酵させる「コンポスト化」

コンポストとは、農業や園芸で用いる堆肥のことです。有機物を微生物の働きで分解、発酵させたもので、園芸地や農地に栄養分を補給したり、土壌改良に生かされる資材です。

生分解性プラスチック製品には、使い捨ての容器をはじめ、包装フィルムやポリ袋などが数多く開発されています。これらを利用後、発生する食べものの残りくずや生ごみごと一緒に回収すれば、すべてがコンポストの発酵材料として有効活用できます。

微生物と酸素が存在する環境では、生分解性プラスチックは二酸化炭素と水に分解されます。このときに発生する二酸化炭素は、植物が再び光合成で利用する量を上回ることはなく（カーボンニュートラルといいます）、できあがったコンポストは、農地や植物を栽培する土地の土壌改良に役立ちます。すべてが、次の植物資源を生産するために役立てられ、消費される物質に変わるというわけです。達成できれば、これぞまさしく循環、ということができるしくみです。

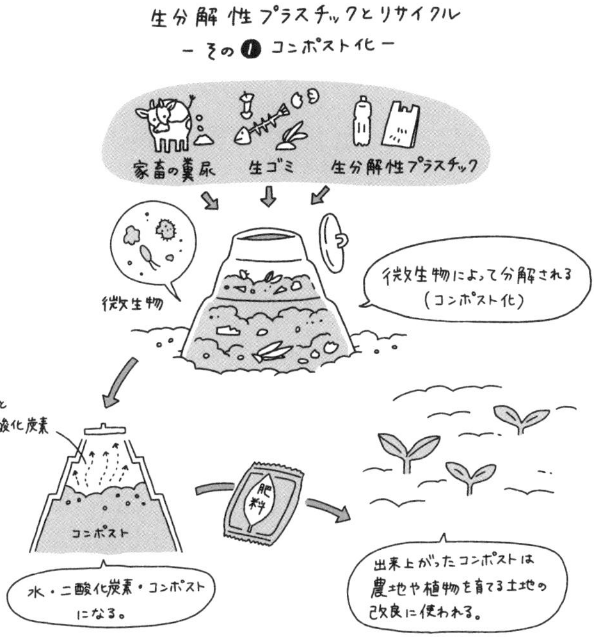

図 5.22 コンポスト化によるリサイクル

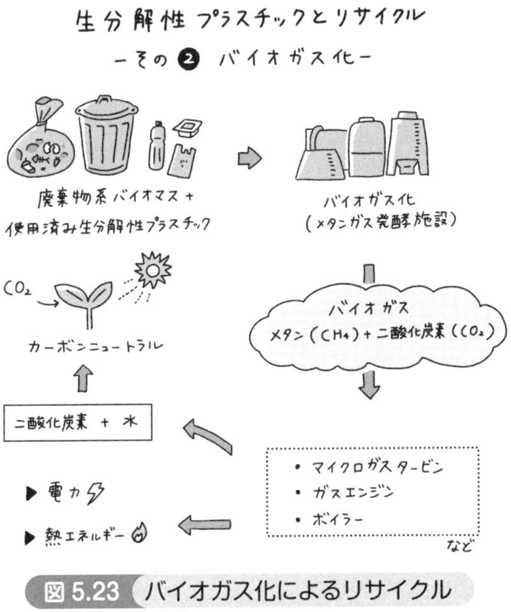

図 5.23 バイオガス化によるリサイクル

無酸素下で発酵させる「バイオガス化」

また、酸素のない環境下では、微生物はメタン発酵を行います。この働きにより、生分解性プラスチックから、天然ガスの主成分であるメタンなどのバイオガスが発生します。これを回収すれば、新たな熱源、エネルギー源として活用することができます。

バイオガスを利用するときに発生する二酸化炭素も、カーボンニュートラルであり、有意義な資源循環のしくみをつくることができます。

コンポスト化・バイオガス化の課題

ところが､先にお話ししたように､これらの方法は今のところ､「理想的な」リサイクルと考えられる段階を脱していません。というのも、このリサイクルを可能にするためには、全国各地にコンポスト化施設、バイオガス化施設を設け、回収システムの整備を行わなくてはならないからです。

また、生産されたコンポスやバイオガスを流通させ、消費するしくみの整備も必要となるでしょう。コンポスト化、バイオガス化のリサイクルには、ソフト面、ハード面ともに課題が山積しています。

さらに消費者には、今まで以上の細かな分別が必要とされます。便利さや快適性が重要視される風潮の中で、このようなしくみが理解され、浸透するのかといった根本的な課題もあります。

理想と現実は……という気分になってしまうところですが、このしくみが長年うまく回っている自治体もあり、北海道富良野市がその一例です。

北海道富良野市の取り組み

「燃やさない、埋めない」が合言葉の富良野市では、なんと、ごみの分別区分が14あり、使用するごみ袋も7種類用意されています。全廃棄物の約90%は、おもにコンポスト化利用と固形燃料利用の2つの方法でリサイクルされています。

富良野市は1980年代に、鳥獣によるごみと農作物の食害を防ぐため、まず生ごみの分別回収をはじめました。全国的にも、ごみを分別するという考え方自体が定着していなかった時期ですが、分別した生ごみからつくられるコンポストにも需要があったことから、分別回収への理解が進みました。

広大な農地を有する富良野市では、現在も生ごみからつくられるコンポストは、100%の需要を保っており、農地の土壌改良にも有効という一石二鳥の成果が出ています。

そして、生ごみの回収に使われるごみ袋には、グリーンプラが指定されています。

富良野市の例では、農業や観光業が盛んな地域であること、住民に環境や景観を大切にする気風があることなどが、しくみの成立と定着に大きく貢献しているところがあります。全国で同じように取り組むことは困難ですが、これにならい、生分解性プラスチックの機能が発揮できるリサイクルを目指したいところです。

5-6 生分解性プラスチックへの期待

ここで生分解性プラスチックについて、あらためてその活用方法を見直し、将来性を展望していきましょう。

生分解機能を生かした利用

資源はできる限り回収し、再利用することが大前提ですが、生分解性プラスチックはその機能を活かし、回収が困難な場所での利用も考えられています。つまり利用した環境で、生分解により処分を終えてしまうという使い方で、生分解性プラスチックの特性が、もっとも活かされる方法ということができるかもしれません。

このような活用の場は、農業や園芸、漁業や土木関連の現場などで見出すことができます。

たとえば、農地や畑にフィルムシートが敷かれていたり、農作物を保護しているのを見たことはありませんか？　これらは、土の温度の調整、雑草対策や防虫の目的で使用されているものです。使用後、これらをすべて回収して処分するとなると、大変なひと手間になります。野焼きで処分すれば、ダイオキシンなど有害物質を発生しかねません。このような環境下で生分解性プラスチックを使えば、そのまま環境中で分解を待つという使い方も可能となるでしょう。

また、護岸建設や災害対策の現場で使われる土嚢袋などは、使用後の回収が困難な資材の1つです。これらの素材に生分解性プラスチックを用いれば、時間の経過とともに袋は分解され、必要な土や砂のみを残すことができます。

さらに、漁業で用いられる網や釣り糸などが海洋に流出し、生物に影響をおよぼしているとの報告もあとを絶ちません。完全に回収することが困難なこれらの漁具に、生分解性プラスチックを用いることで、万が一流出が起ったときも、環境や生物への影響を最小にとどめることができます。

ほかにも、そのまま分解を待つのが便利な場、使用後に完全に回収することができない場は、さまざまに見出すことができ、生分解性プラスチックの導入が期待されます。

ただしその場合、当たり前のように聞こえますが、「使用する環境下で生分解する」ということが大前提であることを忘れてはなりません。

図 5.24 生分解性プラスチックの活躍の場

図 5.25 さまざまな環境下での活用

理想的な生分解性プラスチックとは?

そこでもう一度、グリーンプラの識別制度に話を戻しましょう。

生分解性を評価するために、JISやISO規格など指定の試験方法が用いられることに触れました。この識別制度では、指定されたいずれかの方法で60%以上の生分解性(最終的には100%の生分解が見込まれる)が確認されれば基準を満たすことになります。

それぞれ土中、水中、コンポスト中と試験環境に違いがあり、いずれかの環境で生分解性を発揮すれば良いことになります。裏返すと、どんな環境でも生分解することを保証するものではありません。

現在開発されている生分解性プラスチックの多くは、このうち「コンポスト中」で生分解性が発揮されるものです。

コンポストは、微生物が多く存在し、60℃前後の高温が保たれた人工的な環境です。この中では微生物の働きが活発となり、土中、水中よりも速く分解が進みます。コンポスト化とバイオガス化が、理想的なリサイクルとされる理由の1つもここにあります。

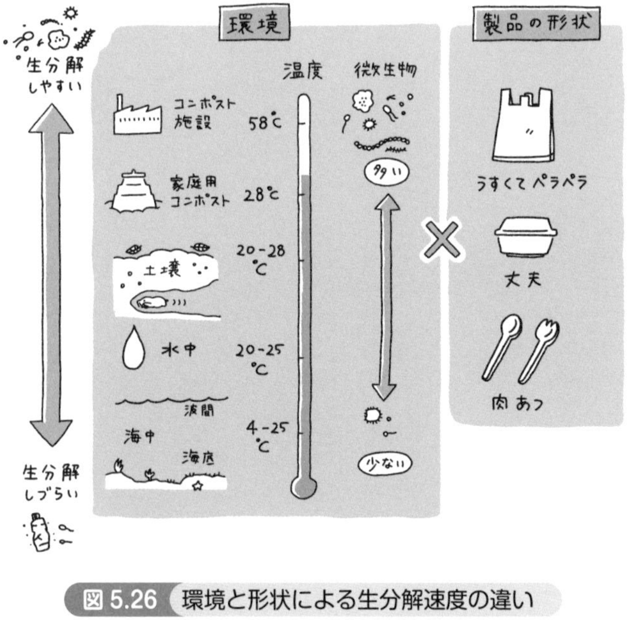

図 5.26 環境と形状による生分解速度の違い

対して、海水中や海底のような環境は、微生物が少ない上に温度も低く、生分解が遅かったり、ほとんど進まない場合もあります。

生分解性プラスチックに求められるもの

プラスチックは、使用した環境から、不適切な処分により、河川や海洋に流れ出すことも考えられます。それらのプラスチックが、コンポスト中や土中でしか分解しない素材であれば、海洋のごみ問題も現状と変わらないものとなってしまいます。

また、生分解性プラスチックにも、分解が完了するまでは、マイクロプラスチックやナノプラスチックとなる期間が存在します。この期間に、生態系へ影響をおよぼし、化学物質の運び手となる可能性も否定はできません。

そうすると生分解性プラスチックは、最終的に、「どのような環境下でも、利用が終われば速やかに生分解する素材」を目指さなければならない、ということかもしれません。

さらにいうと、使用中は必要な強度を保ち、不要になるタイミングで分解が速やかに進むといった、「生分解の開始と速度」の適性までが求められることになるでしょう。

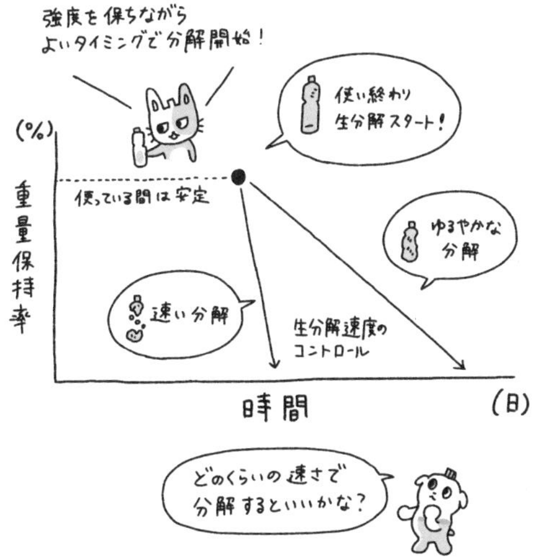

図 5.27 生分解性のコントロール

生分解性プラスチックのこれから

理想的な生分解性プラスチックの開発には、まだまだ時間が必要ですが、研究機関や企業の努力も続けられています。最後に、近年注目される日本の研究開発の事例を紹介します。

海洋でも分解するプラスチック：カネカの新素材「PHBH®」

海洋のプラスチックごみ問題が議題の1つとなった、2019年のG20大阪サミットでは、日本発のバイオプラスチック「カネカ生分解性ポリマーPHBH®」が活躍しました。

PHBH®は前出の通り、微生物が体内で合成、蓄積したポリマーを精製し、取り出したもので、ヒドロキシ酪酸(3HB)とヒドロキシヘキサン酸(3HHx)の2種類のモノマーが重合してできる高分子化合物、つまりプラスチックです。

これを材料としたネームプレートやごみ袋などが、サミットの会場で使われ、注目を浴びました。

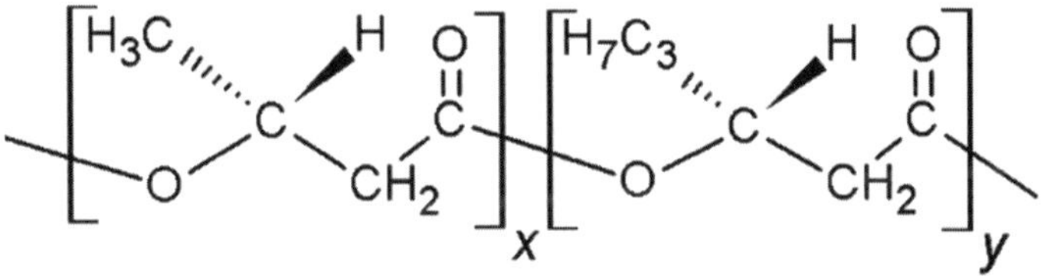

図5.28 PHBH® の化学式

資料提供：株式会社カネカ

カネカによるPHBH®の研究開発は、ある微生物が体内でPHBH®を産生することの発見を起点として、1991年以来進められてきた歴史あるものです。

PHBH®を産生する微生物が見つかれば、その微生物を大量に培養し、PHBH®を取り出して使えば良いと思われがちですが、そう単純なことではありません。プラスチックとして製品の材料となり、加工、流通するために十分な量と性質を維持できなければ、実用化の道は拓けません。カネカによる研究開発においても、PHBH®の生産性を向上する技術の確立に、もっとも時間と労力が費やされました。

そして1997年、上記の微生物からPHBH®の合成に関わる遺伝子群が発見されたことが転機となり、PHBH®を高率に生産する微生物をつくり出す活路が拓かれました。ですが、どのような微生物に、どのようにこの遺伝子群を導入すれば、理想的なPHBH®が得られるかは、引き続きの課題となりました。

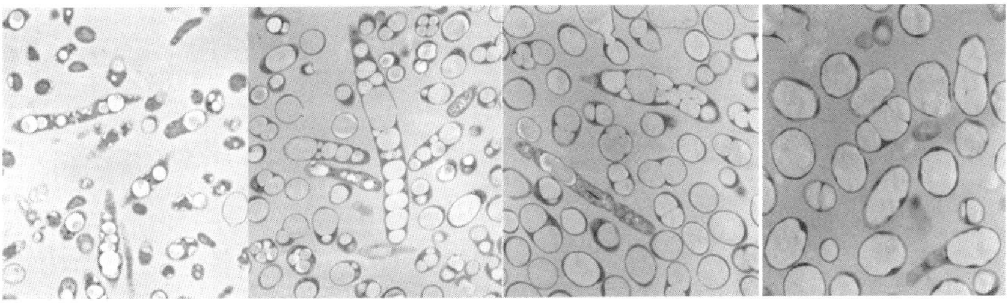

図 5.29　微生物がPHBH®をため込む過程

資料提供：株式会社カネカ

研究開発の過程は、次々に浮上する課題との戦いです。

遺伝子群を導入する微生物が決まり、PHBH®の生産性が向上してからも、課題は尽きませんでした。微生物からPHBH®を取り出すには、微生物の細胞壁を取り除き、うまく精製する必要があります。この過程の中で、人体や環境に悪影響が心配される方法を取っては意味がありません。有機溶媒などは使わず、エネルギーの消費も抑えた方法で、技術の確立が目指されました。

こうして開発された「カネカ生分解性ポリマーPHBH®」ですが、その優れた特徴は、コンポストや土中はもちろんのこと、海水中でも生分解が認められることにあります。ストローであれば、23℃の海水中で、3か月後には原形をとどめないまでに生分解が進んだ例があります。このような素材であれば、回収ルートから外れて海洋に流れ出した場合も、生分解による処理が期待でき、影響の広がる海洋プラスチックごみ問題の解決に、一役かうことになるかもしれません。

ただし先にお話しした通り、マイクロプラスチックが化学物質の運び屋になるという新たな側面も懸念されています。生分解性プラスチックも、分解の過程で、短期間であれその役割を担う可能性があり、やはり海洋への流出は、徹底して防ぐべきということに変わりはありません。

今後の研究への期待

このように、新たなバイオプラスチックの開発に期待が向けられる昨今ですが、全世界で年間約4億トンが生産されるプラスチックの中で、その生産量は現在、100万トン以下とごくわずかに過ぎません。市場を拡大するためには、経済的、合理的な生産を可能にすることや、安全で快適に使うための生分解性のコントロール、さらにその評価方法の確立にいたるまで、解決しなければならない課題が山積しています。

研究や開発は、誰もができるものではありません。ですが、使い手がどのような素材を選び、求めるかというニーズが、それらを後押しすることは間違いありません。

従来のプラスチックとさまざまなバイオプラスチックについて、一歩理解を深め、どのような素材とどのように付き合いたいか、想いを馳せてみることが今、必要となっています。

column

コラム

プラスチックと付き合う長い道のりを見据えて

東京大学大学院　農学生命科学研究科
岩田忠久教授

●理想の生分解性プラスチックをつくる

「目指すのは、プラスチックとの共存・共栄です」

こう話すのは、東京大学で高分子材料学研究室の教授を務める、岩田忠久さんです。日本でもレジ袋の有料化が開始されるなど、プラスチックはなくすべきものとの考えが、定着しはじめています。そのような中、なくてはならない活躍を見せたのもまた、プラスチックでした。

世界中で流行を見せる新型コロナウイルス感染症の対策では、生産が間に合わないほど大量のマスクや防護服が利用されました。これらの材料の多くは、プラスチックです。「今や、プラスチックがなくては社会が回っていきません」と岩田さんが話すように、気密性が高く、軽くて丈夫なプラスチック製品は、紙やほかの素材で代用できない性質も併せ持っています。また安価でスピーディーに、大量生産ができる点も特長であり、それらが発揮された事例となりました。

ですが、岩田さんの話す「共存と共栄」とは、単にこれまでと同じプラスチックを、同じように受入れ続けようというものではありません。

岩田さんは特に、「生分解性プラスチック」の研究を通し、プラスチックとの新たな付き合い方を追究しています。使用中は必要な強度と耐熱性、安全性を保ち、不要となったらどのような環境下でも、速やかに生分解するプラスチックを、分子構造から設計することを目指しています。

岩田忠久教授

高強度繊維の分解試験（東京湾）

分解前

21日目

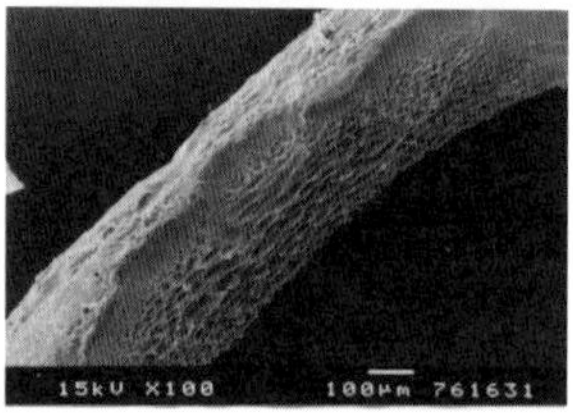

さらにユニークなところは、同時にそれらの生分解性を、環境中で調べる研究にも力を注いでおり、その調査の場となっているのが、「深海」であるという点です。

生分解性プラスチックの生分解機能が発揮されるのは、一般的に、高温で微生物の多い環境です。この条件が揃っているのがコンポスト中で、土中、淡水中、海水中の順に条件は悪くなっていきます。特に光も届かず、限られた微生物しか存在しない深海は、最も生分解が起こりにくい環境と考えられています。

ところが、海洋を漂ったプラスチックごみの多くは、漂流後、海底に沈んでいくことがわかってきました。一見すると消えて無くなったかのようなプラスチックも、実は深海底など、かんたんに見つけられない場所に蓄積し続けている可能性が高いのです。そしてこのように、人の手が届かない場所にたどり着いたプラスチックにこそ、生分解性が必要とされています。

ですが現在、深海で生分解性が実証された素材は存在せず、深海での「生分解性の評価方法」すら確立に至っていません。深海は、その環境自体、未知の多いフロンティアです。この環境下で、プラスチックの生分解性をどのように観測し、評価していけばよいのか、それ自体が岩田さんの研究テーマでもあるのです。

●深海での生分解性を誰もが実証できるように

岩田さんは2019年9月、自身が開発した生分解性プラスチックと、対照となる石油合成プラスチックなどからなる74種のサンプルを、国立研究開発法人海洋研究開発機構（JAMSTEC）と一緒に相模湾の初島沖、水深850メートルの深海域に設置しました。さらに2020年3月には、JAMSTECや日本バイオプラスチック協会とともに、南鳥島沖の海底5000メートルにもさらに多くのサンプルの設置を行いました。

2019年9月に有人潜水調査船「しんかい6500」で深度855メートルに設置したプラスチック

資料提供：国立研究開発法人海洋研究開発機構（JAMSTEC）
無人探査機「ハイパードルフィン」撮影（2020年1月）

サンプルは、1つのプラスチック材料から、フィルム、繊維、射出成形品の3つを用意し、形状による生分解性の違いも確認できるようにしています。これらを定期的に回収しながら、最長3年間にわたり、生分解性の観測を進めていく予定です。

岩田さんは、「開発したプラスチックが、どのような性質を持つのか、有効に使える場所と使えない場所はどこなのか、責任を持って説明をしていかなければなりません」と強調します。

新たに開発された生分解性プラスチックは、製造、加工の段階を経て製品となり、利用者の手に渡ります。その全過程で、プラスチックの特性や、生分解性が発揮できる環境が正しく伝わらなければ意味がありません。開発者には、明快な基準に沿って生分解性を検証し、だれもが一目でわかる識別を行う責任が求められているといいます。そのためにまずは、あらゆる環境下での生分解性を実証する方法の確立が必要というわけです。

深海における生分解性の検証は、深海域にサンプルを設置することすらかんたんなことではありません。サンプルをどのような条件で設置すれば、実際におこる生分解を再現できるのか、サンプルを入れるネットの網目の大きさや、設置間隔など、細かな条件の設定も必要です。

設置したサンプルの例

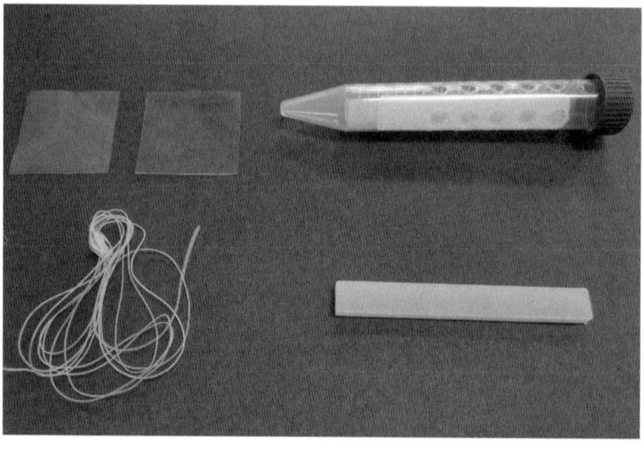

岩田さんは最終的に、深海での生分解性を地上で検証できるようにすることを目指しています。深海で起こる生分解を、誰もが陸上の実験室で確かめられるよう、サンプル処理の方法や、得られたデータの解析方法を明らかにしようとしています。

●生分解性プラスチックの将来を見据えた研究

誰もが実験室にいながら、同じ基準で、海、山、川、そして深海といった多様な環境における生分解性を検証し、それを統一した表示で識別する。これは、生分解性プラスチックの研究開発を加速させるとともに、それぞれが、最適な方法で用いられることを可能にする第一歩です。多種多様なプラスチックが開発されるほど、土台となる基準を明確にし、適材適所で利用するしくみを整えることは、今後ますます重要となってくるでしょう。

岩田さんはまた、「生分解性プラスチックの研究と開発には、本質を見極めて、本気で取り組まなければなりません。足りないことには一工夫を、その手間と費用をいとわずに取り組む必要があります」とも話します。

生分解性プラスチックの研究と開発は、1980年代から90年代にも盛んに行われました。ですが費用がかかること、従来のプラスチックと同じように使えないといった理由から、その勢いも徐々に衰えていきました。また同時に、地球温暖化対策が叫ばれるようになり、研究の主流はバイオマスプラスチックへと転換。そして近年、海洋プラスチックの問題が注目されたことで、再び生分解性プラスチックが脚光を浴びています。時流に流された研究と開発は、成果を生み出すことができません。必要とされるものを、粘り強く追求する必要があるのです。

今、社会がプラスチックをめぐって大きく変わろうと動きはじめています。この流れの中で、目指すべきプラスチックをしっかり見据え、成果が実を結ぶまで、着実に歩む必要があることを岩田さんは強調します。目指すのは、プラスチックとの「共存と共栄」。共栄は、それぞれがよりよく前へ進むことを意味します。プラスチックとの向き合い方を示した言葉ともいえそうです。

INDEX

サ行

タ・ナ行

ハ行

参考文献

取材協力

※五十音順、敬称略

- 磯辺 篤彦（九州大学 応用力学研究所 大気海洋環境研究センター 海洋力学分野 教授）
- 岩田 忠久（東京大学 大学院農学生命科学研究科 生物材料科学専攻 高分子材料学研究室 教授）
- 白川 英樹（東北大学 名誉教授）
- 高田 秀重（東京農工大学 農学部 環境資源科学科 水環境保全学 / 有機地球化学研究室 教授）
- 藤枝 繁（鹿児島大学 南九州・南西諸島域共創機構 産学・地域共創センター 連携推進部門 特任教授）
- ecostore papalagi（エコストア パパラギ）
- 山陽学園中学校・高等学校 地歴部
- 信越化学工業株式会社 シリコーン事業本部
- Evo & Co.
- Notpla

参考書籍

- ど～する海洋プラスチック 速報：とにかく早いのが取り柄　西尾 哲茂　信山社（2019）
- ど～する海洋プラスチック 令和に始まる「大仕事」G20でGO…!!　西尾 哲茂　信山社（2019）
- 「機能性プラスチック」のキホン　桑嶋 幹　ソフトバンククリエイティブ（2011）
- トコトンやさしいプラスチック成形の本　横田 明　日刊工業新聞社（2014）
- トコトンやさしいプラスチック材料の本　高野 菊雄　日刊工業新聞社（2015）
- 有機化学がわかる　斎藤勝裕　技術評論社（2009）
- トコトンやさしい高分子の本　扇澤 敏明　日刊工業新聞社（2017）
- プラスチック材料大全　本間 精一　日刊工業新聞社（2015）
- プラスチック知られざる世界　齋藤 勝裕　シーアンドアール研究所（2018）
- イチからつくる プラスチック　岩田忠久　農山漁村文化協会（2020）
- 私の歩んだ道　ノーベル化学賞の発想　白川 英樹　朝日新聞社（2001）
- 自然に学ぶ　白川 英樹　法藏館（2020）
- 石油の大研究　藤田 和男監修　PHP 研究所（2009）
- 環境とリサイクル 8 プラスチック　本間 正樹　小峰書店（2003）
- 高分子とそのリサイクル　円藤 紀代司　裳華房（2004）
- トコトンやさしいシリコーンの本　池野 正行監修　日刊工業新聞社（2019）
- シリコンとシリコーンの科学　山谷 正明監修　日刊工業新聞社（2013）
- ミツバチの教科書　フォーガス・チャドウィック　エクスナレッジ（2017）
- トコトンやさしい生分解性プラスチックの本　生分解性プラスチック研究会編　日刊工業新聞社（2004）
- トコトンやさしいバイオプラスチックの本　日本バイオプラスチック協会編　日刊工業新聞社（2009）
- バイオプラスチック材料のすべて　日本バイオプラスチック協会編　日刊工業新聞社（2008）
- プラスチック汚染とは何か　枝廣 淳子　岩波書店（2019）
- プラスチックの現実と未来へのアイデア　高田 秀重監修　東京書籍（2019）
- クジラのおなかからプラスチック　保坂 直紀　旬報社（2018）
- プラスチックスープの海　チャールズ・モア　NHK 出版（2012）

参考雑誌

- 環境白書 循環型社会白書 / 生物多様性白書 令和元年版　環境省大臣官房環境計画課編集　日経印刷(2019)
- 海洋と生物 215 vol. 36 no.6 (2014)
- 生物工学会誌 第94巻5号
- ナショナルジオグラフィック日本版 2018年6月号 日経ナショナルジオグラフィック社 (2018)
- いいね 39　クレヨンハウス (2018)

参考冊子

- プラスチックリサイクルの基礎知識 2019　一般社団法人プラスチック循環利用協会 (2019)
- プラスチックのリサイクル 8つの「?」　一般社団法人プラスチック循環利用協会 (2016)

引用論文

- 藤枝 繁, 星加 章, 橋本 英資, 佐々倉 諭, 清水 孝則, 奥村 誠崇.
  瀬戸内海における海洋ごみの収支 . 沿岸域学会誌 2010; 22(4): 17-29.
- Jambeck, J.R., Andrady, A., Geyer, R., Narayan, R., Perryman, M., Siegler, T., Wilcox, C., Lavender Law, K., (2015).
  Plastic waste inputs from land into the ocean, Science, 347, p. 768-771.
- Laurent C. M. Lebreton, Joost van der Zwet, Jan-Willem Damsteeg, Boyan Slat, Anthony Andrady & Julia Reisser., (2017)
  River plastic emissions to the world' s oceans, Nature Communications.
- Atsuhiko Isobe, Shinsuke Iwasaki, Keiichi Uchida & Tadashi Tokai., (2019).
  Abundance of non-conservative microplastics in the upper ocean from 1957 to 2066, Nature Communications.
- Nikolai Maximenko, Jan Hafner, Peter Niiler., (2012).
  Pathways of marine debris derived from trajectories of Lagrangian drifters, Marine Pollution Bulletin, 65, p. 51-62

参考ウェブサイト

- 株式会社キミカ
  https://www.kimica.jp/
- 日本バイオプラスチック協会
  http://www.jbpaweb.net/
- シリコーン工業会
  http://www.siaj.jp/ja/index.html
- Science Window 2019年度 SDGs 特集
  https://sciencewindow.jst.go.jp/articles/2019/0822.html
- 電力中央研究所
  https://criepi.denken.or.jp/press/denki/index02.html
- 電気事業連合会
  https://www.fepc.or.jp/enterprise/hatsuden/nuclear/index.html
- 一般社団法人 JEAN
  http://www.jean.jp/activity/result.html
- NOTPLA
  https://www.notpla.com/
- evo & Co.
  https://rethink-plastic.com/
- アイカサ
  https://www.i-kasa.com/
- トムラ・ジャパン株式会社
  http://www.tomra.co.jp/splash/
- ecostore papalagi
  https://ecostorepapalagi.com/
- バイオエタノール研究最前線
  ―バイオマスの糖化と発酵のマッチングが勝負―
  https://www.chart.co.jp/subject/rika/scnet/40/sc40-2.pdf
- それゆけ！ 石油探検隊
  http://www.sekiyuexpedition.com/
- 発泡スチロール協会 (JEPSA)
  https://www.jepsa.jp/index.html
- 東京農工大学
  https://www.tuat.ac.jp/outline/executive/5rcampus/
- International Pellet Watch Japan
  http://pelletwatch.jp/
- みんなで守ろう！　かがわの海・海辺 (香川県環境森林部環境管理課)
  https://www.pref.kagawa.lg.jp/kankyokanri/satoumi/umigomi/index.htm
- 一般社団法人 プラスチック循環利用協会
  http://www.pwmi.or.jp/index.php
- 株式会社カネカ
  https://www.kaneka.co.jp/
- 株式会社 ADEKA
  https://www.adeka.co.jp/
- 信越化学工業株式会社
  https://www.shinetsu.co.jp/jp/

■著者略歴

西岡 真由美（にしおか・まゆみ）

麻布大学獣医学部卒業。ノンフィクションライター、獣医師。

動物病院勤務を経て、2013 年よりサイエンスコミュニケーションに携わり、複数の大学、科学館等で研鑽を積む。現在は、ノンフィクションライターとして、「人と動物の関わり」や「人物」をテーマに、その社会背景までを描くことをライフワークとしている。大学や研究機関のウェブサイト、科学雑誌等で記事を執筆。上記をテーマとしたワークショップの企画、運営も手掛ける。Forbes JAPAN オフィシャルコラムニスト。

■監修略歴

岩田 忠久（いわた・ただひさ）

東京大学　大学院農学生命科学研究科　生物材料科学専攻・教授。新規高性能バイオプラスチックの開発や深海分解試験を行っている。特に環境に配慮した生分解性プラスチック、バイオマスプラスチックに深い専門知識を持つ。主な編著に「イチからつくるプラスチック」（農山漁村文化協会）がある。

1989 年　京都大学農学部林産工学科卒業

1992 年　フランス国立科学研究センター・植物高分子研究所（CNRS-CERMAV）に留学

1994 年　京都大学大学院農学研究科博士課程修了、博士（農学）

1996 年　理化学研究所高分子化学研究室・研究員

2012 年　東京大学大学院農学生命科学研究科生物材料科学専攻・教授

受賞：繊維学会賞（2006 年度）、ドイツ・イノベーションアワード（2010 年度）、高分子学会賞（2018 年度）

専門：高分子材料学、生分解性高分子

齋藤 勝裕（さいとう・かつひろ）

1945 年新潟県生まれ。東北大学理学部卒。東北大学大学院理学研究科博士課程修了。名古屋工業大学大学院工学研究科教授を経て、現在は名古屋工業大学名誉教授。理学博士。専門分野は有機化学、物理化学、光化学、超分子化学。主な著書に『気になる化学の基礎知識』『入門！超分子化学』『毒の事件簿』（以上、技術評論社）、『光と色彩の科学』（講談社）、『数学いらずの化学シリーズ』（化学同人）、『料理の科学』、『汚れの科学』（以上、ソフトバンククリエイティブ）ほか多数。

■本書へのご意見、ご感想について

本書に関するご質問については、下記の宛先にFAX もしくは書面、小社ウェブサイトの本書の「お問い合わせ」よりお送りください。
電話によるご質問および本書の内容と関係のないご質問につきましては、お答えできかねます。あらかじめ以上のことをご了承の上、お問い合わせください。
ご質問の際に記載いただいた個人情報は質問の返答以外の目的には使用いたしません。また、質問の返答後は速やかに削除させていただきます。

〒162-0846　東京都新宿区市谷左内町 21-13
株式会社技術評論社　書籍編集部
「身近なプラスチックがわかる」質問係
FAX番号：03-3267-2271
本書ウェブページ：
https://gihyo.jp/book/2020/978-4-297-11706-1/

カバー・本文イラスト ● きのした ちひろ
カバー・本文デザイン ● 小山 巧（志岐デザイン事務所）
本文図版 ● 株式会社トップスタジオ
本文レイアウト ● 株式会社トップスタジオ

ファーストブック
身近《みぢか》なプラスチックがわかる

2020年　11月27日　初版　第1刷発行

著　者　西岡《にしおか》 真由美《まゆみ》
監　修　岩田《いわた》 忠久《ただひさ》・齋藤《さいとう》 勝裕《かつひろ》
発行者　片岡 巌
発行所　株式会社技術評論社
東京都新宿区市谷左内町 21-13
電話　03-3513-6150 販売促進部
03-3267-2270 書籍編集部
印刷／製本　日経印刷株式会社

定価はカバーに表示してあります。

ISBN 978-4-297-11706-1 C3060
Printed in Japan